Modell zur Verbesserung der Lebensarbeitsgestaltung von Baustellen-Führungskräften

Martina Schneller

Modell zur Verbesserung der Lebensarbeitsgestaltung von BaustellenFührungskräften

Praxisrelevante Werkzeuge

Mit einem Geleitwort von
Univ.-Prof. Dr.-Ing. Manfred Helmus

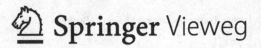 Springer Vieweg

Martina Schneller
Wuppertal, Deutschland

Dissertation Bergische Universität Wuppertal, 2015

ISBN 978-3-658-10995-0   ISBN 978-3-658-10996-7 (eBook)
DOI 10.1007/978-3-658-10996-7

Die Deutsche Nationalbibliothek verzeichnet diese Publikation in der Deutschen Nationalbi-
bliografie; detaillierte bibliografische Daten sind im Internet über http://dnb.d-nb.de abrufbar.

Springer Vieweg
© Springer Fachmedien Wiesbaden 2015

Gedruckt auf säurefreiem und chlorfrei gebleichtem Papier

Springer Fachmedien Wiesbaden ist Teil der Fachverlagsgruppe Springer Science+Business Media
(www.springer.com)

Geleitwort

Frau Dr.-Ing. Martina Schneller untersucht in ihrer Dissertationsschrift die Situation von Baustellenführungspersonal und die Möglichkeit, die Lebensarbeitssituation für diese Personengruppe zu verbessern.

Das Baustellenführungspersonal hat eine zentrale Bedeutung für die Abwicklung von Bauprojekten. Sie bestimmen in Bauprojekten ganz wesentlich mit:

- den wirtschaftlichen Erfolg,
- die Terminsicherheit,
- die eingehaltenen Qualitätsstandards

und auch

- den Arbeitsschutz der Beschäftigten,
- die Kommunikation der Beteiligten im Projekt und sogar
- das Arbeitsklima und die Zufriedenheit der Mitarbeiter.

Ein Ausfall von Baustellenführungspersonal kann erhebliche Probleme in Projekten verursachen. Gründe für Ausfälle können Krankheiten durch Überbelastung und Stress sowie Arbeitsplatzwechsel aufgrund von Unzufriedenheit sein.

Mit der Situation von Baustellenführungspersonal hat sich in grundlegender wissenschaftlicher Form noch niemand beschäftigt. Der Ansatz von Frau Dr. Schneller, auf der Basis von fundierten Erkenntnissen zur Situation von Baustellenführungspersonal Verbesserungsmöglichkeiten zu entwickeln, ist nicht nur neu, sondern auch sehr relevant für die baubetriebliche Praxis. Die zurzeit sehr gute Baukonjunktur in Verbindung mit dem Nachwuchsmangel in den Berufsbildern der Baustellenführungskräfte macht dieses Thema aktueller denn je. Aber nicht nur wirtschaftlich, sondern auch menschlich ist das Thema von großer Bedeutung.

Univ. Prof. Dr.-Ing. Manfred Helmus

Vorwort

Die vorliegende Arbeit entstand während meiner Tätigkeit als wissenschaftliche Mitarbeiterin am Lehr- und Forschungsgebiet Baubetrieb und Bauwirtschaft der Bergischen Universität Wuppertal.

Ich bedanke mich bei allen, die mich während meiner Promotionszeit unterstützt haben. Besonderer Dank gilt meinem Doktorvater, Herrn Professor Dr.-Ing. Manfred Helmus, für die wertvollen fachlichen Hinweise, das mir entgegengebrachte Vertrauen und die stete Unterstützung. Herrn Professor Dr.-Ing. Reinhold Rauh danke ich für die Übernahme des Zweitgutachtens. Für ihre Mitwirkung in der Promotionskommission danke ich Herrn Professor Dr.-Ing. Steffen Anders und Herrn Professor Dr.-Ing. Jürgen Gerlach.

Weiterer Dank gilt dem Ministerium für Arbeit, Integration und Soziales des Landes Nordrhein-Westfalen, welches das Projekt „Erhalt der Beschäftigungsfähigkeit von Baustellen-Führungskräften (EBBFü)" gefördert hat.

In diesem Zusammenhang gilt besonderer Dank Frau Professorin Dr.-Ing. Stefanie Friedrichsen, die mit ihrer Unterstützung bei der Beantragung des Forschungsprojektes und durch den fachlichen Austausch zu dieser Arbeit beigetragen hat.

Großer Dank gilt den Partnern des Projektes EBBFü, insbesondere

- den Praxispartnern

  Wolff & Müller Holding GmbH & Co. KG
  Gebr. Hölscher Bauunternehmung GmbH
  Ernst Kreuder GmbH & Co. KG
  Geese-Bau GmbH
  Ingenieurplan Siebel GmbH und Co. KG
  Schleiff Bauflächentechnik GmbH & Co. KG
  Dohrmann Gruppe
  Kai Buschhaus Bau GmbH
  Bernhard Heckmann GmbH & Co. KG

  für die Möglichkeit der Datenaufnahme, den fachlichen Austausch und der Erprobung,

- den weit über zweihundert Teilnehmern an den Befragungen, ohne die diese Arbeit so nicht möglich gewesen wäre,
- den Projektpartnern für die konstruktive Kritik und den fachlichen Austausch.

Meinen Kolleginnen und Kollegen am Lehrstuhl danke ich für ihre Unterstützung, die sehr gute Zusammenarbeit und die aufmunternden Worte.

Silke Wiesemann danke ich für das Lektorat dieser Arbeit sowie die Erstellung des Logos für das Projekt EBBFü und die Gestaltung des Titelblatts der Handlungshilfe und der Flyer zum Projekt.

Bedanken möchte ich mich auch bei den Studierenden und studentischen Hilfskräften, die durch ihre tatkräftige Unterstützung zum Gelingen der Arbeit beigetragen haben; allen voran Lisa Bednarski und Dominik Bamberger.

Und ich danke meinen Eltern, meinem Bruder mit seiner Freundin, meinen Freunden und vor allem meinem Mann; nicht nur für Korrekturarbeiten, sondern vielmehr für ihren Rückhalt, ihre Motivation und ihre scheinbar endlose Geduld.

Martina Schneller

Abkürzungsverzeichnis

ABB	Angebotsbearbeitung
Abb.	Abbildung
AG	Auftraggeber
AN	Auftragnehmer
APO-BK	Ausbildungs- und Prüfungsordnung Berufskolleg
App	Applikation
ArbschG	Arbeitsschutzgesetz
ArbStättV	Arbeitsstättenverordnung
ArbZG	Arbeitszeitgesetz
AVA	Programme für Ausschreibung, Vergabe, Abrechnung im Bauwesen
BAB	Bauabnahme
BAU	Bauausführung
BAuA	Bundesanstalt für Arbeitsschutz und Arbeitsmedizin
BauGB	Baugesetzbuch
BauNVO	Baunutzungsverordnung
BauO NRW	Landesbauordnung NRW
BaustellV	Baustellenverordnung
BBiG	Berufsbildungsgesetz
BBodSchG	Bundes-Bodenschutzgesetz
BGB	Bürgerliches Gesetzbuch
BIBB	Bundesinstitut für berufliche Bildung
BVB	Bauvorbereitung

BWL	Betriebswirtschaftslehre
CAD	englisch: Computer-Aided Design
CATI	englisch: Computer Assisted Telephone Interview
DGNB	Deutsche Gesellschaft für Nachhaltiges Bauen
Di	Dienstag
DIN	Deutsches Institut für Normung
Do	Donnerstag
DQR	Deutscher Qualifikationsrahmen für lebenslanges Lernen
EBBFü	Kurzbezeichnung für das Projekt Erhalt der Beschäftigungs-fähigkeit von Baustellen-Führungskräften
EDV	Elektronische Datenverarbeitung
EQR	Europäischer Qualifikationsrahmen
EU	Europäische Union
EWCS	European Working Conditions Surveys
FAZ	Frankfurter Allgemeine Zeitung
Fr	Freitag
GefStoffV	Gefahrstoffverordnung
GWB	Gesetz gegen Wettbewerbsbeschränkungen
HOAI	Honorarordnung für Architekten und Ingenieure
Hrsg.	Herausgeber
HwO	Handwerksordnung
IKT	Informations- und Kommunikationstechnik
iOS7	Betriebssystem von Apple Inc.
Kap.	Kapitel
KLR	Kosten- und Leistungsrechnung

KMU	kleine und mittlere Unternehmen
KrWG	Kreislaufwirtschaftsgesetz
L	Lernfeld
LKW	Lastkraftwagen
LV	Leistungsverzeichnis
max.	maximal
Mi	Mittwoch
min.	minimal
mind.	mindestens
Mo	Montag
NRW	Nordrhein-Westfalen
p.a.	lateinische Abkürzung: pro Jahr
PC	Personal Computer
RAB	Regeln zum Arbeitsschutz auf Baustellen
REFA	Bundesverband e.V. Verband für Arbeitsgestaltung, Betriebsorganisation und Unternehmensentwicklung
REG-IS	Regelwerksinformationssystem über deutsche Regelwerke
REG-IS BAU	Regelwerksinformationssystem über deutsche Regelwerke mit Bedeutung für die Bauleitung
S.	Seite
SON	Sonstiges
TNS	TNS Infratest
u. a.	unter anderem
UVV BGV	Unfallverhütungsvorschriften
V	Variante

VDI	Verein Deutscher Ingenieure
vgl.	vergleiche
VgV	Vergabeverordnung
VOB	Vergabe- und Vertragsordnung für Bauleistungen
VOB/A	VOB Teil A
VOF	Verdingungsordnung für freiberufliche Dienstleistungen
VOL	Verdingungsordnung für Leistungen
VOL/A	VOL Teil A
WHG	Wasserhaushaltsgesetz
z. T.	zum Teil
Ziff.	Ziffer

Inhaltsverzeichnis

Abbildungsverzeichnis

1 Einleitung und Hintergrund

„Ich arbeitete als Bauleiter im Schlüsselfertigbau und musste den Bauablauf koordinieren und überwachen. Täglich Verhandlungen führen und Entscheidungen treffen. Mein Anspruch, die Arbeit perfekt auszuführen, war dabei sehr hoch, ja, er musste sehr hoch sein, weil ja sonst der reibungslose Bauablauf nicht gewährleistet gewesen wäre. [...] So zog sich das alles Tag ein Tag aus hin. Ich schuftete täglich 12 bis 14 Stunden, war ständig am Handy erreichbar und hatte manchmal morgens um 8 Uhr bereits mehrere Anrufe. Oft zuckte ich zusammen, wenn das Handy klingelte, und ging immer öfter mit totaler Ungewissheit, was mich denn heute erwarten würde, zur Arbeit. Mein Herzschlag war ständig erhöht, und ich schlief so gut wie gar nicht mehr. Manchmal ertappte ich mich dabei, dass ich auf dem Gerüst stand und eigentlich gar nicht mehr wusste, wie ich dort hinkam.“[1]

Die Aufgaben der Bauleitung sind geprägt durch die Vielfalt der unterschiedlichen Anforderungen, den raschen Wechsel der Tätigkeiten bei häufiger Erfordernis situativen Reagierens, die hohe Verantwortung für Menschen wie Sachwerte, starken Termindruck, teilweise unerwartete Entscheidungserfordernisse und die „Sandwichposition“, d. h. den Ausgleich von unterschiedlichen Interessen, wie zum Beispiel von Bauherr und Firmenleitung. Darüber hinaus ist die Bauleitung verantwortlich für die Einhaltung der zahlreichen Verordnungen und Vorschriften, für die Qualität der Arbeitsprozesse und -ergebnisse auf der Baustelle und damit u. a. auch für Sicherheit und Gesundheit der dort eingesetzten Mitarbeiter. Insgesamt entscheidet die Qualität der Bauleitung als letztverantwortliche Instanz auf der Baustelle wesentlich mit über die Wirtschaftlichkeit von Bauvorhaben sowie das wirtschaftliche Ergebnis der Firma.[2]

Bauleiter[3] werden trotz ihrer großen Bedeutung für die Unternehmen häufig durch unangemessene Arbeitsorganisation, schlechte Arbeitsplatzgestaltung und soziale Rahmenbedingungen sowie mangelnde Kommunikation „verschlissen“. Was auf Seiten der betroffenen Bauleiter zu unnötigen Einbußen an Gesundheit und Motivation führt und so in den Anfängen ihre Leistungsfähigkeit, dann als Folge einer nicht vorhandenen Änderung an dieser Situation ihre Beschäftigungsfähigkeit einschränkt. Auf Seiten der Unternehmen werden

---

1 BURNOUT-KOMPAKT – URL: http://burnout-kompakt.blogspot.de/p/erfahrungsbericht.html (02.05.2012)
2 Vgl.: SCHNELLER, MARTINA: Ebbe bei den Baustellen-Führungskräften?. In: Brunk, Marten F.; Osebold, Rainard (Hrsg.): 23. Assistententreffen der Bereiche Bauwirtschaft, Baubetrieb und Bauverfahrenstechnik. Düsseldorf: VDI Verlag GmbH, 2012, S. 206 bis 212
3 Zur besseren Lesbarkeit wird im Folgenden nur die maskuline Bezeichnung verwendet, sie kann jedoch ebenso für Personen weiblichen Geschlechts verwendet werden, da hierunter die Funktion zu verstehen ist.

durch die so induzierte Personalfluktuation unnötige Kosten verursacht und ihre Position im Kampf um die langfristig knapper werdenden Fachkräfte weiter geschwächt, also letztlich ihre Wettbewerbsfähigkeit einschränkt.[4]

1.1 Ausgangssituation

In vielen Gesprächen mit Bauleitern und zukünftigen Absolventen des Bauingenieurwesens, welche in der Bauleitung ihr Praktikum absolviert haben, wird immer wieder von einer starken Belastung aufgrund der zentralen Nahtstelle gesprochen und die Vereinbarkeit von Familie, Freizeit und Beruf in Frage gestellt. Zukünftige Absolventen sind nicht bereit, die aktuelle Arbeitssituation in der Bauleitung anzuerkennen und lehnen daher eine solche Position häufig ab.

Dies spiegelte sich auch in der vom Institut für Demoskopie Allensbach im Jahr 2007 durchgeführten Befragung unter dem Thema „Das Image der Bauwirtschaft" deutlich wider. Der Beruf des Bauingenieurs bleibt hinsichtlich der Prioritäten der jungen Generation weit hinter den Vorstellungen ihrer beruflichen Erwartungen zurück.

Die Bauindustrie benötigte aber bereits im Jahr 2007 jährlich etwa 4.500 Bauingenieure, die Zahl der Absolventen betrug jedoch nur 3.083, davon erwarben 211 Absolventen einen Bachelorabschluss.[5] Nach Schätzungen des Hauptverbandes der deutschen Bauindustrie fehlen rund 9.200 Bauingenieure.[6]

Das spürt auch die Bau-Branche, und insbesondere der Bereich der Bauleitung, wie kürzlich auch ein Geschäftsführer einer Baufirmengruppe in einem Interview ausführte: „Für Fachkräfte gab es früher 10 bis 15 Bewerber auf eine Stelle, heute einen oder gar keinen". Er sucht erstens Ingenieure und zweitens in einer ländlichen Gegend. Bauingenieure als Baustellen-Führungskräfte seien kaum noch zu bekommen, da müsse er heute auf gut ausgebildete Gesellen und Meister zurückgreifen. „Es ist der Tag absehbar, wo der Einstellen-

---

4   Vgl.: SCHNELLER, MARTINA: Ebbe bei den Baustellen-Führungskräften?. In: Brunk, Marten F.; Osebold, Rainard (Hrsg.): 23. Assistententreffen der Bereiche Bauwirtschaft, Baubetrieb und Bauverfahrenstechnik. Düsseldorf: VDI Verlag GmbH, 2012, S. 206 bis 212

5   FRANKFURTER ALLGEMEINE ZEITUNG (HRSG.): Hochschulanzeiger Nr. 94, 2008, Seite 28; Abruf unter URL: http://www.faz.net/s/RubB1763F30EEC64854802A79B116C9E00A/Doc~EB48BD308E8CA4B4B8 5098EEAA52CB772~ATpl~Ecommon~Scontent.html (07.04.2009)

6   FRANKFURTER ALLGEMEINE ZEITUNG (HRSG.): FAZ vom 05. Mai 2012; Abruf unter URL: http://www.faz. net /aktuell/beruf-chance/arbeitswelt/ bauingenieurin-aus-leidenschaft-die-chefin-der-liebestuerme-11723862.html (17.08.2012)

de den Bewerber nicht mehr fragt, warum er ihn einstellen soll, sondern wo der einzige Bewerber fragt: Warum soll ich bei Ihnen anfangen?"[7]

Im sich verschärfenden Kampf um den knapper werdenden Fach- und Führungskräftenachwuchs müssen sich die Bedingungen und das Image der Branche deutlich verbessern.

Die Baustellen-Führungskraft besitzt eine Schlüsselfunktion für Arbeitsbedingungen und Arbeitsschutz auf der Baustelle sowie für das wirtschaftliche Ergebnis der Firma. Gerade im Hinblick auf

- den immer stärker werdenden Konkurrenzdruck,

- die immer kürzer werdenden Ausführungszeiten und

- das gestiegene Bewusstsein für höhere Qualitätsanforderungen

sind negative Auswirkungen auf die Funktionen der Bauleitung zu vermeiden, um eine günstige Breitenwirkung für die gesamte Bauwirtschaft zu erzielen. Im Bauunternehmen sind es die wirtschaftlichen Ergebnisse der Baustellen, die über Erfolg oder Misserfolg entscheiden. Das Baustellenergebnis kann um bis zu +/- 5 %[8] und ggf. auch mehr von der Qualität des Bauleiters und seinem Team abhängen, daher liegt eine sehr große Verantwortung auf dem Bauleiter, und es wird gutes Personal benötigt.

Für die deutsche Volkswirtschaft ist das Baugewerbe einer der wichtigsten Wirtschaftszweige. Von 1991 bis 2013 trug das Baugewerbe durchschnittlich 5,28 % (2013: 4,7 %) zur gesamtwirtschaftlichen Bruttowertschöpfung[9] bei.

---

7   FRANKFURTER ALLGEMEINE ZEITUNG (HRSG.): FAZ vom 02. Februar 2012; Abruf unter URL: http://www.faz.net/aktuell/wirtschaft/ wirtschaftspolitik/arbeitsmarkt-warum-soll-ich-bei-ihnen-anfangen-11585784.html (17.08.2012)

8   Vgl.: PAUSE, HANS: der Bauleiter – der Frontoffizier des Bauunternehmens. In: Berliner Bauwirtschaft. 1992, Jahrgang 93, S. 91-96

9   Definition Statistisches Bundesamt: „Die Bruttowertschöpfung wird durch Abzug der Vorleistungen von den Produktionswerten errechnet; sie umfasst also nur den im Produktionsprozess geschaffenen Mehrwert. Die Bruttowertschöpfung ist bewertet zu Herstellungspreisen, das heißt ohne die auf die Güter zu zahlenden Steuern (Gütersteuern), aber einschließlich der empfangenen Gütersubventionen."

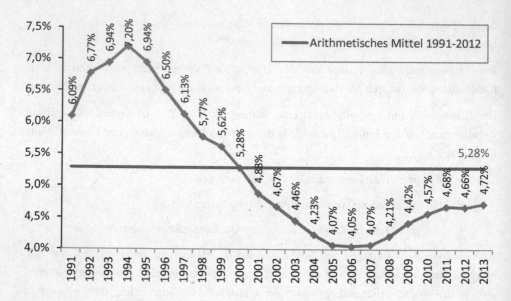

Abbildung 1: Anteil des Baugewerbes an der Bruttowertschöpfung[10]

Der Anteil des Bruttoinlandsproduktes[11], der für Bauinvestitionen verwendet wurde, war mit durchschnittlich 11,24 % in den Jahren 1991 bis 2013 (2013: 9,9 %) mehr als doppelt so hoch.

Und auch, wenn die Anzahl der Beschäftigten sich seit 1995 deutlich reduziert hat, liegt der Anteil des Baugewerbes an der gesamten Beschäftigung immer noch bei durchschnittlich 7,1 %.

„Die Niveaudifferenz seit 2001 auf dem langfristigen Durchschnitt ist vor allem auf eine rückläufige Tendenz in den neuen Bundesländern nach dem Bauboom in der ersten Hälfte der 1990er Jahre zurückzuführen. Dennoch bleibt die Bauwirtschaft eine Schlüsselbranche

---

10   Eigene Berechnung; Datenquelle: STATISTISCHES BUNDESAMT: Volkswirtschaftliche Gesamtrechnung. Beiheft Investitionen. Wiesbaden: 2014
11   Definition Statistisches Bundesamt: „Das Bruttoinlandsprodukt misst den Wert der im Inland erwirtschafteten Leistung in einer bestimmten Periode (Quartal, Jahr).“

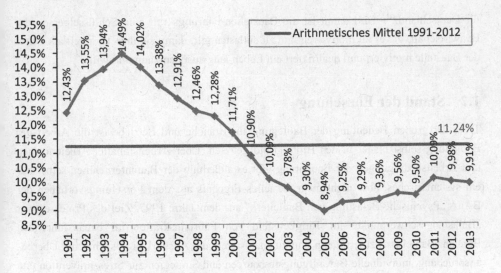

Abbildung 2: Anteil der Bauinvestitionen am Bruttoinlandsprodukt[12]

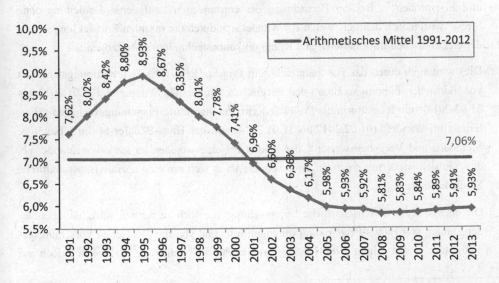

Abbildung 3: Anteil des Baugewerbes an allen Erwerbstätigen[12]

---

12   Eigene Berechnung; Datenquelle: STATISTISCHES BUNDESAMT: Volkswirtschaftliche Gesamtrechnung.
      Beiheft Investitionen. Wiesbaden: 2014

für Deutschland."[13] Und damit ist die Baustellen-Führungskraft eine Schlüsselperson der Bauwirtschaft, die es zu motivieren und zu entlasten gilt, damit sie ihre Tätigkeit als Leiter der Baustelle motiviert und qualifiziert ein Leben lang ausüben kann und will.

1.2 Stand der Forschung

Trotz der großen Bedeutung der Bauleitung für Branche und Betriebe ist die Arbeit der Bauleitung selbst bisher in den Hintergrund getreten. Über Arbeitsinhalte, Arbeitsformen und Arbeitsbedingungen der Bauleitung gibt es außerhalb der Bauunternehmen selbst nur ein systematisches, aber nicht mehr aktuelles Ergebnis aus dem Forschungsvorhaben der BAuA „Psychische Belastung von Bauleitern" aus dem Jahre 1997. Ziel des Projektes war „Belastungsschwerpunkte im Tätigkeitsfeld von Führungskräften im bauausführenden Bereich (Bauleitern) zu ermitteln und zu analysieren, die Auswirkung psychischer Überbeanspruchung, individuelle Bewältigungsressourcen und Strategien zur Stressprävention und zum Stressaufbau zu erheben, sowie Gestaltungsempfehlungen in Form eines Leitfadens zur Belastungsoptimierung und zur Gesundheitsförderung von Bauleitung zu entwickeln und zu erproben"[14]. Bei der Betrachtung des entstandenen Leitfadens „Bauleitung ohne Stress" wird jedoch deutlich, welch ein Wandel sich durch die rasanten Entwicklungen u. a. der elektronischen Informations- und Kommunikationstechnologien vollzogen hat.

Dies wird auch durch das fast zeitgleich zum Projekt „Erhalt der Beschäftigungsfähigkeit von Baustellen-Führungskräften" der Bergischen Universität Wuppertal (01.01.2012 bis 31.03.2014) mit der Autorin als Projektleiterin, durchgeführte Forschungsvorhaben „Bauleitung im Wandel" (01.02.2012 bis 31.01.2014) von der Hans-Böckler-Stiftung bestätigt. Methoden und Vorgehensweisen[15] der beiden Projekte weichen so stark voneinander ab, dass sie sich wiederum ergänzen, insbesondere da es sich um eine sozialwissenschaftliche Studie handelt.

Die einzige sozialwissenschaftliche Untersuchung, die noch zu nennen wäre, ist das unter der Leitung von Hanns-Peter Ekardt durchgeführte, und von der Deutschen Forschungsgemeinschaft in den Jahren 1986-1988 geförderte Projekt[16]. Hier lag der Fokus jedoch auf

---

13 HAUPTVERBAND DER DEUTSCHEN BAUINDUSTRIE E.V.: Bauwirtschaft im Zahlenbild. Berlin: 2013; Text zu Graphik 1
14 BUNDESANSTALT FÜR ARBEITSSCHUTZ UND ARBEITSMEDIZIN (BAUA): Psychische Belastung von Bauleitern. Dortmund/Berlin: 1997 (Fb 778), S. 3
15 Siehe hierzu Kapitel 3.4.2
16 Vgl.: EKARDT, HANNS-PETER; LOFFLER, REINER; HENGSTENBERG HEIKE: Arbeitssituation von Führungen Bauleiter. Frankfurt am Main: Campus Verlag, 1992

dem Interesse an der Verbesserung der Ausbildung des Bauingenieurs, daher wurde die Arbeit der Bauleitung nur exemplarisch im Rahmen von drei Fallstudien dargestellt.

Die bisherigen Untersuchungen der Arbeits- und Beschäftigungsfähigkeit in der Bauwirtschaft beziehen sich ausschließlich auf die gewerblichen Arbeitnehmer und nicht die Führungskräfte der Baustelle, wie z. B. das Projekt „Arbeits- und Beschäftigungsfähigkeit in der Bauwirtschaft im demographischen Wandel"[17], dessen Ergebnisse im Jahre 2009 veröffentlicht wurden.

Dissertationen wie „Einsatzdisposition von Baustellenführungskräften in Bauunternehmen – ein Verfahren zur Quantifizierung der erforderlichen Bauleitungskapazität", „Untersuchung zum zeitlichen Aufwand der Baustellenleitung – Ermittlung von Tätigkeiten und zugehörigen Aufwandswerten der Bauleitung auf einer Baustelle", „Weiterbildung des Personals als Erfolgsfaktor der strategischen Unternehmensplanung in Bauunternehmen – ein praxisnahes Konzept zur Qualifizierung von Unternehmensbauleitern" etc. beschäftigen sich mit wirtschaftlichen Aspekten der Bauausführung, Einsatzdispositionen bzw. der Qualifizierung von Bauleitern.

Mit dem Erhalt der Beschäftigungsfähigkeit von Baustellen-Führungskräften, insbesondere mit Fokus auf die Verbesserung der Lebensarbeitsgestaltung der Bauleiter wurde sich nur innerhalb der Unternehmensstrukturen auseinandergesetzt.

1.3   Vorveröffentlichung

Teile dieser Arbeit (Kapitel 4.1 bis 4.4) wurden von der Verfasserin im Rahmen des Projektes „Erhalt der Beschäftigungsfähigkeit von Baustellen-Führungskräften" (EBBFü) erarbeitet und erprobt. Diese Ergebnisse wurden somit in Fachkreisen mit Vertretern aus der Praxis und dem Ministerium für Arbeit, Integration und Soziales des Landes NRW bereits diskutiert. Teile dieser Dissertation wurden vorveröffentlicht. Das Projekt EBBFü wurde finanziell unterstützt durch das Ministerium für Arbeit, Integration und Soziales des Landes NRW und dem Europäischen Sozialfond.

---

17   Vgl.: FORSCHUNGSINSTITUT FÜR BESCHÄFTIGUNG ARBEIT QUALIFIKATION: Arbeits- und Beschäftigungsfähigkeit in der Bauwirtschaft im demographischen Wandel. Bremen: 2009

1.4   Zielsetzung der Arbeit

Das Ziel dieser Arbeit ist die Entwicklung eines Modells zur Verbesserung der Lebensarbeitsgestaltung von Baustellen-Führungskräften in Form unterschiedlicher Bausteine, die
eine individuelle Anwendung und Umsetzung ermöglichen.

Im ersten Schritt sind hierzu die Arbeitsanforderungen an die Bauleitung zu erfassen, um
auf dieser Basis Bausteine zur Verbesserung der Lebensarbeitsgestaltung von Baustellen-
Führungskräften zu entwickeln. Hierzu ergeben sich die folgenden Fragestellungen:

- Mit welchen potenziellen Belastungssituationen werden Baustellen-
  Führungskräfte in ihrem Berufsalltag konfrontiert?

- Was wird von den Betroffenen als Belastung wahrgenommen?

- Wie kann der Berufsalltag für die Baustellen-Führungskräfte praktikabler und
  gesundheitserhaltend gestaltet werden?

Es ist zu vermuten, dass nicht alle Anforderungen und Arbeitsbedingungen, die als Stress-
auslöser in der Fachliteratur vielfach genannt sind, auch von den Baustellen-
Führungskräften als Stressoren erlebt werden. Die berufliche Erfahrung der Baustellen-
Führungskräfte, die vorhandene soziale Unterstützung sowie die Größe des Unternehmens
spielen eine große Rolle im Bereich der Wahrnehmung des Berufsalltags und den vorhandenen Arbeitsbedingungen. Das zu entwickelnde Modell mit seinen Bausteinen soll der
Vorbeugung einer zukünftigen Berufs- bzw. Erwerbsunfähigkeit dienen. Wichtig ist, dass
sowohl Arbeitgeber als auch Arbeitnehmer frühzeitig Maßnahmen ergreifen können, um
die Arbeitsfähigkeit von Baustellen-Führungskräften zu erhalten. Damit diese Maßnahmen
zielgerichtet ergriffen werden können, bieten diese Arbeit und die Ergebnisse des Projekt
EBBFü[18] unterschiedliche Bausteine zur Umsetzung an.

Eine Hilfestellung zur Durchführung der Gefährdungsbeurteilung nach dem Arbeitsschutz-
gesetz bietet die Arbeit den Unternehmen mit dem 3. Kapitel.

Mit den beschriebenen qualifikatorischen und organisationalen Voraussetzungen müssen
Baustellen-Führungskräfte ein breites Spektrum von z. T. widersprüchlichen Anforderungen erfüllen.

---

18   Die Projektergebnisse sind unter dem folgenden Link abzurufen: http://www.baubetrieb.uni-wuppertal.de/
      forschung/projekte/ebbfue.html

Die wichtigsten sind:

- Zeitaufwändige Integration unterschiedlicher Interessen und entschiedenes, d. h. termin- und qualitätsgerechtes Handeln;

- Umsetzung der vorgegebenen Planung und schnelle Lösung planungsseitig unvorhergesehener, akut auftretender Probleme;

- Entwicklung eines Führungsstils, der gute Prozesse und gute Ergebnisse (Zeit und Qualität) gleichzeitig realisiert.

1.5 Vorgehensweise und Methoden

Die vorliegende Arbeit gliedert sich grundsätzlich in zwei Teile, Kapitel 1-3 und Kapitel 4-7. Im ersten Teil wird eine Einleitung in das Thema (Kapitel 1) gegeben, Grundlagen und Begriffe definiert (Kapitel 2) sowie die Ist-Situation in der Bauleitung erfasst (Kapitel 3). Im zweiten Teil der Arbeit wird das Modell zur Verbesserung der Lebensarbeitsgestaltung von Baustellen-Führungskräften dargestellt, dabei werden zuerst die Verbesserungspotenziale aufgezeigt (Kapitel 4) und in den beiden folgenden Kapiteln der Modellbaustein „Assistenz der Bauleitung" (Kapitel 5) und im abschließenden Kapitel 6 der Modellbaustein „Informationssystem über deutsche Regelwerke mit Bedeutung für Baustellen Führungskräfte" herausgearbeitet. Eine Zusammenfassung sowie einen Ausblick enthält Kapitel 7.

Im Hinblick auf die Vorgehensweise ist im ersten Schritt der Status quo der Belastungssituation der Baustellen-Führungskräfte in der Bauleitung zu erfassen, da dies die Basis für die zu entwickelnden Bausteine zur Verbesserung der Lebensarbeitsgestaltung der Baustellen-Führungskräfte darstellen soll.

Für die Aufnahme der Arbeitssituation der Baustellen-Führungskräfte war es zum einen notwendig, das gesamte Lebens- und Arbeitsumfeld sachlich zu erfassen und die subjektive Einschätzung derer hierzu zu erhalten. Zum anderen wurden die Stressoren – die Faktoren, die Stress auslösen – ermittelt. Hierzu wurde in Anlehnung an die im Jahre 1997 erfasste Situation[19] eine zweite Umfrage geschaltet. So kann ein Vergleich zur letzten Erfassung gezogen werden.

---

19 BUNDESANSTALT FÜR ARBEITSSCHUTZ UND ARBEITSMEDIZIN (BAUA): Psychische Belastung von Bauleitern. Dortmund/Berlin: 1997 (Fb 778)

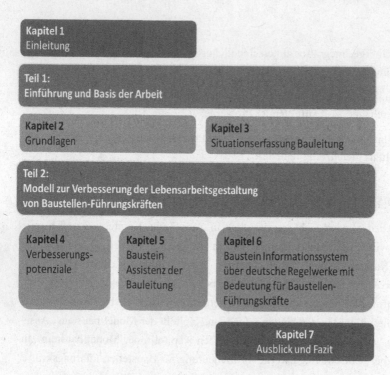

Abbildung 4: Grafische Darstellung der Arbeit

Diese Erfassung des Status quo der Baustellen-Führungskräfte in der Bauleitung war nur möglich, durch die Kombination von verschiedenen Methoden. Hierbei wurden gewählt:

- Expertengespräche mit Baustellen-Führungskräften

- Expertengespräche mit Geschäftsführern von Bauunternehmen

- Online-Befragungen von Baustellen-Führungskräften

- Prozessaufnahmen auf Baustellen

- Literaturrecherchen[20]

Mit diesen fünf Varianten und vier Methoden waren sowohl eine objektive Erfassung der Arbeitssituation sowie eine subjektive Erfassung der persönlichen Situation für die Baustellen-Führungskräfte mit der vorhandenen Arbeitssituation möglich.

---

20   Vgl.: Fußnote 112

2 Grundlagen und Definitionen

Um einen leichteren und umfassenden Einstieg in die Thematik der vorliegenden Arbeit zu ermöglichen, sollen im folgenden Kapitel Grundlagen und Definitionen zur Baustellen-Führungskraft, der empirischen Forschungsmethodik und der arbeitswissenschaftlichen Basis dargestellt werden.

2.1 Definition Baustellen-Führungskraft

Unter dem Oberbegriff Baustellen-Führungskraft wird in dieser Arbeit der Bauleiter oder Polier, also der Chef der Bauleitung auf der Baustelle verstanden, dessen Position im Unternehmen im Folgenden beschrieben werden soll.

2.1.1 Firmenbauleiter versus Bauherren-Bauleiter

Grundsätzlich kann unterschieden werden zwischen dem Firmenbauleiter, welcher auf Seiten des Auftragnehmers also im Bauunternehmen tätig ist, und dem Bauherren-Bauleiter (oder auch Projekt-Bauleiter), der die Interessen des Bauherrn, also des Auftraggebers, vertritt. Diese Arbeit beschränkt sich in ihren Ausführungen auf den Firmenbauleiter, da dieser die am stärksten belastete Baustellen-Führungskraft ist. Diese These spiegelt sich in der Projektstruktur, wie in Abbildung 5 gezeigt, und auch in den Prozessaufnahmen zu dieser Arbeit (siehe Kapitel 3.3) wider.

Eine einheitliche Definition der Aufgaben, wie für den Bauherren-Bauleiter in § 59a der Landesbauordnung NRW (BauO NRW) definiert, gibt es für den Firmenbauleiter nicht. In der Mehrheit der Fälle ist es jedoch so, dass der Bauleiter der Bauherrenschaft überwiegend für die Überwachung und Überprüfung des Bausolls und der Kommunikation zwischen Auftragnehmer und Bauherr zuständig ist, während auf den Firmenbauleiter die Aufgaben des Unternehmers nach § 59 BauO NRW delegiert werden. Demnach ist der Firmenbauleiter verantwortlich dafür, dass die Baumaßnahme dem öffentlichen Baurecht, insbesondere den allgemein anerkannten Regeln der Technik und den Bauvorlagen entsprechend durchgeführt wird, und er die dafür erforderlichen Weisungen erteilt. Er hat im Rahmen dieser Aufgabe auf den sicheren bautechnischen Betrieb der Baustelle, insbesondere auf das gefahrlose Ineinandergreifen der Arbeiten der Unternehmer sowie auf die Einhaltung der Arbeitsschutzbestimmungen zu achten.[21]

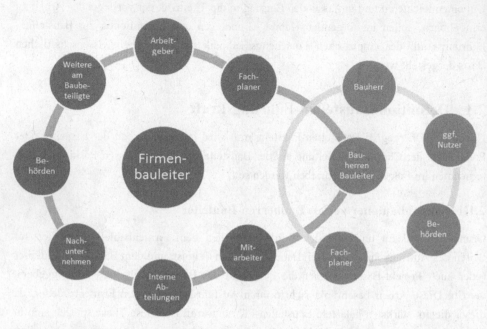

Abbildung 5: Der Firmenbauleiter in der Projektstruktur[22]

Neben den oben genannten externen Aufgaben, die er über die Unternehmeraufgaben delegiert bekommt, fallen auch interne Aufgaben in seinen Zuständigkeitsbereich wie z. B. die Kontrolle von Kosten und Terminen sowie Führungsaufgaben.

Die Firmenbauleitung koordiniert, kontrolliert und steuert die Vorbereitung, Ausführung und Abrechnung der zu betreuenden Bauprojekte. Die Firmenbauleitung ist sowohl für den termingerechten und wirtschaftlichen Ablauf eines Bauprojektes, als auch für die Qualität der ausgeführten Leistungen verantwortlich. Als Basis für die Bauleitungsaufgaben dienen die genehmigten Bauunterlagen sowie die abgeschlossenen Verträge. Treten Störungen im Bauablauf auf, reguliert die Bauleitung diese selbständig und eigenverantwortlich. Das Aufgabenspektrum der Firmenbauleitung ist sehr vielfältig. Sind keine zusätzlichen Fach-

---

21   BAUORDNUNG FÜR DAS LAND NORDRHEIN-WESTFALEN (BAUO NRW). Zuletzt geändert durch Artikel 1 des Gesetzes zur Änderung der Landesbauordnung vom 21. März 2013
22   Eigene Darstellung

abteilungen oder Mitarbeiter z. B. für Kalkulation, Einkauf oder Abrechnung im Unternehmen vorhanden, reicht das Spektrum von der Akquise des Projekts über die Kalkulation der Baukosten, Abwicklung des Projekts bis zur Abnahme, Abrechnung und Gewährleistung sowie im schlechtesten Fall zur juristischen Nachbereitung und gerichtlichen Auseinandersetzung.

Der Firmenbauleiter ist also *Jurist, Kaufmann, Manager, Qualitätsbeauftragter, Techniker* und *Vorgesetzter* in einer Person.[23]

2.1.2 Baustellen-Führungskräfte in der Unternehmensstruktur

Die Unternehmensstruktur eines Bauunternehmens gliedert sich wie in anderen Unternehmen grundsätzlich in drei Leitungsebenen und ist hierarchisch aufgebaut. Die Unternehmensführung bildet auch hier die oberste Ebene, welche das strategische Management des Unternehmens durchführt und Grundsatzentscheidungen zur Unternehmensplanung, Personalpolitik etc. trifft.

Je nach Größe des Unternehmens und der Zugehörigkeit zum Unternehmen kann die Baustellen-Führungskraft der oberen oder auch mittleren Leitungsebene zugeordnet werden. In größeren Unternehmen (Abbildung 6) stellt sich die Unternehmensstruktur in der oberen Ebene mit der Geschäftsleitung, die sich in technische und kaufmännische Leitung untergliedern kann, dar. Gegebenenfalls wird dem Bauleiter auch noch ein Oberbauleiter vorangestellt.

In kleineren Unternehmen wird die Position der Baustellen-Führungskraft häufig durch den Polier ausgefüllt. Mischformen bestehen häufig bei mittleren Unternehmen. Eine klare Trennung zwischen administrativen und operativen Aufgaben findet nur in Großunternehmen statt.

---

23   Vgl.: MIETH, PETRA: Weiterbildung des Personals als Erfolgsfaktor der strategischen Unternehmensplanung in Bauunternehmen. Kassel: Kassel Univ. Press, 2007, S. 16 f.

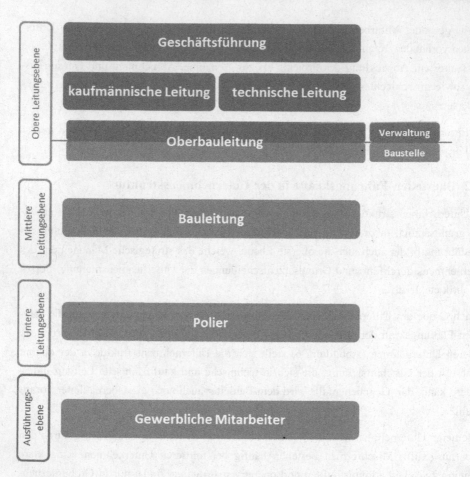

Abbildung 6: Unternehmensstruktur in großen Bauunternehmen

Bei kleinen Unternehmen hängt die Unternehmensstruktur sehr stark von den Mitarbeitern des Unternehmens, ihrer Eigenständigkeit und Verantwortungsbereitschaft sowie von der Unternehmensführung und deren Bereitschaft, im operativen Bereich tätig zu werden, ab. Es zeigen sich häufig diese beiden Mischformen:

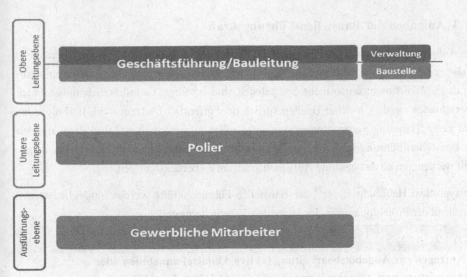

Abbildung 7: Unternehmensstruktur in kleineren Unternehmen (V1)

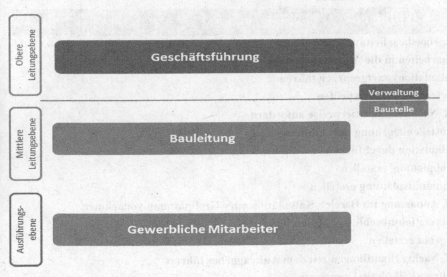

Abbildung 8: Unternehmensstruktur in kleineren Unternehmen (V2)

2.1.3 Aufgaben der Baustellen-Führungskraft

Die Aufgaben der Baustellen-Führungskraft sind sehr stark von der Unternehmensgröße abhängig. Je kleiner das Unternehmen, desto vielfältiger ist das Aufgabenspektrum, je größer das Unternehmen, umso mehr Spezialisten sind beteiligt. Grundsätzlich müsste auch unterschieden werden, welcher Bauherr (privat oder öffentlich) betreut wird. Im Folgenden wird keine Trennung vorgenommen, vielmehr sollen alle möglichen Tätigkeiten, die von der Baustellen-Führungskraft im Bereich Hochbau übernommen werden können, dargestellt werden, um so das gesamte Aufgabenspektrum zu berücksichtigen.

Die typischen Handlungsfelder[24] der Baustellen-Führungskräfte werden aufgegliedert entsprechend der Projektphasen in der folgenden Tabelle dargestellt.

Akquisephase

Anfragen zur Angebotsbearbeitung (aktive Akquise) annehmen oder
Auswertung von Ausschreibungen (passive Akquise) durchführen
Ausschreibungsunterlagen prüfen
Risikoanalyse durchführen

Angebotsphase

Angebotsbearbeitung übernehmen
Einarbeiten in die Akquiseunterlagen
Kalkulationsstartgespräch führen
Vertragsunterlagen prüfen
ggf. Nachunternehmerpreise anfordern
Baustellenbegehung durchführen
Kalkulation durchführen
Grobplanung erstellen
Liquiditätsplanung erstellen
ggf. Anpassung im Bereich Kalkulation oder Grobplanung vornehmen
Kalkulationsabschlussgespräch führen
Angebot erstellen
ggf. Nachverhandlungen mit dem Auftraggeber führen
Auftragskalkulation anpassen

---

24 Die Handlungsfelder ergeben sich aus der Literaturrecherche (siehe Fußnote 112), durch Auswertungen Lehrstuhlinterner nicht veröffentlichter Forschungsberichte zur Prozessanalyse, aus den Ergebnissen der Prozessaufnahmen auf der Baustelle (siehe Kapitel 3.3) sowie den Auswertungen der Expertengespräche (Projekt EBBFü).

█ Abschluss des Vertrages vorbereiten

Bauvorbereitungsphase

Bauauftrag übernehmen

Einarbeiten in die Vertragsgrundlagen

Startgespräche mit den bisherigen Beteiligten führen

Vertragskontrolle durchführen

Baustellenbegehung durchführen

Aktualisieren der Auftragskalkulation (Arbeitskalkulation erstellen)

Arbeitsplanung erstellen

Baustelleneinrichtungsplanung erstellen

Logistikkonzept erstellen

Ausschreibung und Vergabe an Nachunternehmer durchführen

Ausschreibung und Vergabe an Lieferanten durchführen

Disponieren der notwendigen Kapazitäten

Arbeitskalkulation anpassen

Controllingkonzept erstellen

Sicherheitsplanung erstellen

Beauftragen der Planungsleistung

Bauausführungsphase

Baustellenvorbereitung und Baustelleneinrichtung leiten und koordinieren

Führungsaufgaben wahrnehmen

Kommunikationsmanagement durchführen, koordinieren und leiten

Organisieren und Führen der Dokumentation (Berichtswesen)

Logistik koordinieren

Ausführungsmanagement koordinieren (Bauablauf und Baumethoden)

Arbeits-, Gesundheits- und Umweltschutz überwachen und durchsetzen

Nachtragsmanagement koordinieren und kontrollieren

Controllingaufgaben wahrnehmen

Qualitätsmanagement leiten

Räumen der Baustelle planen und leiten

Abnahmen von Nachunternehmerleistungen durchführen

Endabnahme durchführen

Mängelbeseitigung planen, leiten und organisieren

Abrechnung durchführen

Gewährleistungsphase

Mängelmanagement koordinieren und organisieren
juristische Nachbereitung durchführen

Zusammenfassend können die Aufgabenfelder und Handlungen der Baustellen-Führungskräfte wie folgt beschrieben werden: Baustellen-Führungskräfte sind für die Leitung von Baustellen in technischer, kaufmännischer, juristischer, qualitativer und personeller Hinsicht verantwortlich. Sie haben für eine bautechnisch mängelfreie und vertragsgemäße Ausführung der Bauaufgaben zu sorgen sowie für die Abwicklung des Geschäftsverkehrs mit dem Bauherrn, Behörden, Lieferanten, Nachunternehmen und den anderen am Bau Beteiligten. Baustellen-Führungskräfte tragen die Verantwortung für den optimalen Einsatz des ihnen unterstellten Personals, dessen Lenkung und Überwachung bei der Ausübung der Bauaufgabe sowie beim Einsatz und der Nutzung der notwendigen Geräte, und dies immer unter dem Blickwinkel von Kosten und Terminen.

2.1.4 Anforderungsprofil einer Baustellen-Führungskraft[25]

Die Baustellen-Führungskraft „sollte in einem modernen kundenorientierten Bauunternehmen Bauproduktions- und Key Account Manager sein. Dies verlangt ein Qualifikationsprofil, das aus den folgenden vier Schlüsselbereichen besteht:

- unternehmerische, betriebswirtschaftliche Kompetenzen mit besonderen Kenntnissen im Projektmanagement

- ·menschliche und soziale Fähigkeiten zur Führung und Motivation des Teams sowie zur Kommunikation mit dem Bauherrn und mit Dritten

- verfahrenstechnische Kompetenzen im Bereich Bauproduktion und Projektmanagement

- fachtechnisches Wissen über bauliche Systeme und deren ingenieurwissenschaftlichen Grundsätze"

Die Aufgabe „setzt die Achtung vor den Menschen voraus, die mehr als nur technokratische, theoretische und administrative Grundlagen verlangt." Als Manager muss die Baustel-

---

25 Vgl.: BERNER, FRITZ; KOCHENDÖRFER, BERND; SCHACH, RAINER: Grundlagen der Baubetriebslehre 3. Wiesbaden: Vieweg + Teubner, 2009, S. 20; BIERMANN, MANUEL: Der Bauleiter im Bauunternehmen: baubetriebliche Grundlagen und Bauabwicklung. Köln: Verlagsgesellschaft Rudolf Müller, 2001, S. 17f; GIRMSCHEID, GERHARD: Strategisches Bauunternehmensmanagement. Berlin Heidelberg: Springer Verlag, 2010, S. 614/640

len-Führungskraft „seine Mitarbeiter durch Delegation von Verantwortung motivieren, ihre fachliche Qualifikation schätzen und den einzelnen respektieren, und zwar über alle Hierarchiestufen" hinweg. „Ferner muss er Teamarbeit durch Partizipation anregen, aber gleichzeitig die Arbeitsziele klar und eindeutig im Team kommunizieren."

Zu den fachlichen Anforderungen gehören:

- Baubetrieb (Bauverfahrenstechnik, Kalkulation, Arbeitsvorbereitung)
- Baubetriebswissenschaften
- Baurecht
- Baustoffkenntnisse
- EDV-Kenntnisse
- Projektmanagement
- Vertragsrecht

Zu den sozialen Anforderungen gehören:

- Belastbarkeit
- Durchsetzungsvermögen
- Fähigkeit zu kritisieren und Kritik anzunehmen
- Fähigkeit, Informationen in Weisungen und Anordnungen umzusetzen
- Flexibilität
- Führungsqualitäten
- Informationsbewertung und -verarbeitung
- Kontakt- und Kommunikationsfähigkeit
- Organisationstalent
- Selbstvertrauen und -sicherheit
- Teamfähigkeit
- Überzeugungskraft
- Verantwortungsbewusstsein
- Verhandlungsgeschick

- wirtschaftliches, logisches und vorausschauendes Denken

Eine Baustellen-Führungskraft sollte „eine starke, offene, flexible Persönlichkeit" sein, „die die Interessen des Unternehmens mit Kompetenz umsetzt, die dazugehörigen Maßnahmen kommuniziert und trotzdem für die Fragen und Bedürfnisse des Bauherrn offen ist".

2.2 Empirische Forschung

Zur Erfassung des Status quo der Belastungssituation in der Bauleitung wurden verschiedene Untersuchungsmethoden angewandt. Ziel ist es, Bausteine zur Verbesserung der Lebensarbeitsgestaltung der Baustellen-Führungskräfte zu entwickeln. Die Schwierigkeit in der Erfassung der Belastungssituation liegt im Unterschied der subjektiven und objektiven Wahrnehmungen. Arbeitsaufgaben und Situationen werden von dem einen als Belastung, von dem anderen als Herausforderung empfunden.

Für die Aufnahme der Arbeitssituation der Baustellen-Führungskräfte war es zum einen notwendig, das gesamte Lebens- und Arbeitsumfeld sachlich zu erfassen und die subjektive Einschätzung derer hierzu zu erhalten. Zum anderen wurden die Stressoren[26] – die Faktoren, die Stress auslösen – ermittelt. Hierzu wurde in Anlehnung an die im Jahre 1997 erfasste Situation[27] eine zweite Umfrage geschaltet. So kann ein Vergleich zu der letzten Erfassung gezogen werden.

Diese Erfassung zur subjektiven und objektiven Wahrnehmung der Belastungssituation in der Bauleitung war nur möglich durch die Kombination von qualitativen und quantitativen Befragungen sowie Prozessanalysen. Hierbei wurden gewählt:

- Expertengespräche mit Baustellen-Führungskräften

- Expertengespräche mit Geschäftsführern von Bauunternehmen

- Online Befragungen von Baustellen-Führungskräften

- Prozessaufnahmen auf Baustellen

- Literaturrecherchen

---

26 Als Stressoren werden Anforderungen durch Arbeitsaufgaben bezeichnet, die von einer Person als Überforderung bewertet werden bzw. als Anforderung, deren Bewältigung als unsicher erscheint.

27 BUNDESANSTALT FÜR ARBEITSSCHUTZ UND ARBEITSMEDIZIN (BAUA): Psychische Belastung von Bauleitern. Dortmund/Berlin: 1997 (Fb 778)

Mit diesen fünf Varianten und vier Methoden waren sowohl eine objektive Erfassung der Arbeitssituation sowie eine subjektive Erfassung der persönlichen Situation für die Baustellen-Führungskräfte mit der vorhandenen Arbeitssituation möglich.

Für die qualitativen Gespräche wurden Interviewleitfäden zur Befragung der Baustellen-Führungskräfte und der Geschäftsführer entwickelt. Die Leitfäden der Bauleitung (Anhang D)[28] sind thematisch in insgesamt fünf Blöcke unterteilt.

1. Daten zur Firma und der Person

2. Erwerbsbiografie der Person

3. Arbeitsplatzbeschreibungen der Baustellen-Führungskraft

4. Arbeitsabläufe im Unternehmen

5. Arbeit versus Freizeit

Die Leitfäden der Geschäftsführung (Anhang C)[28] sind in den ersten beiden Punkten identisch mit dem der Baustellen-Führungskräfte, gefolgt von

3. Gründe für die Teilnahme am Projekt EBBFü

4. betrieblicher Umgang mit den Baustellen-Führungskräften

5. Arbeitsabläufe im Unternehmen

6. Charakteren in der Bauleitung

Problematisch stellte sich die Auswahl der Stichprobe bei den Expertengesprächen dar. Es wurden über die Baugewerblichen Verbände Nordrhein und die Bauindustrie NRW alle Mitglieder angesprochen, tatsächlich waren nur 18 Unternehmen bereit, ihre Mitarbeiter entsprechend freizustellen und selbst an der Befragung teilzunehmen. Die Teilnehmer stammen überwiegend aus NRW. Daher handelt es sich nicht um eine repräsentative Stichprobe, die jedoch im Vergleich (siehe Kapitel 3) trotzdem repräsentative Ergebnisse geliefert hat.

Das Befragungsinstrument der ersten quantitativen Befragung wurde in einem Pretest mit vier Bauleitern erprobt und überarbeitet. Das zweite Befragungsinstrument der ergänzenden Befragung wurde in Anlehnung an die im Jahre 1997 durchgeführte Befragung erstellt und nicht in einem Pretest erprobt. Durchgeführt wurden die Befragungen mithilfe von Online-

---

28   Zusatzmaterialien sind unter www.springer.com auf der Produktseite dieses Buches verfügbar.

Plattformen. Die Auswahl der Stichprobe ergab sich nach dem Zufallsprinzip, da die Akquise über unterschiedliche Kanäle (Newsletter der Baugewerblichen Verbände sowie dem Zentralverband; Einbinden verschiedener XING-Gruppen der Autorin; persönliche Mail an Unternehmen der Bauwirtschaft und das Netzwerk der BBB-Assistenten) erfolgte.

Dieses Zufallsprinzip bei den quantitativen Befragungen ergab in beiden Fällen eine verwertbare Stichprobe von über 100 Teilnehmern und stellt damit eine repräsentative Umfrage dar.

2.3 Arbeitswissenschaftliche Basis

In diesem Unterkapitel wird die Frage betrachtet: Wie kann die Lebensarbeitsgestaltung der Baustellen-Führungskräfte aus arbeitswissenschaftlicher Sicht beeinträchtigt werden?

Nachdem die Arbeitsgestaltung als „Maßnahmen zur Anpassung der Arbeit an den Menschen mit dem Ziel, Belastung abzubauen sowie auf Arbeitszufriedenheit und Leistung positiv einzuwirken"[29] definiert wird, sollen unter Lebensarbeitsgestaltung alle Maßnahmen zur inhaltlichen Anpassung der Tätigkeiten von Baustellen-Führungskräften im beruflichen Lebenszyklus eines Menschen verstanden werden. Im Rückschluss bedeutet dies, dass die Lebensarbeitsgestaltung von Baustellen-Führungskräften verbessert werden kann, wenn die negativen psychischen Belastungen aus den Arbeitsanforderungen und der Arbeitsaufgaben minimiert werden können.

Der Begriff psychische Belastung ist grundsätzlich wertneutral zu verstehen. Psychische Belastungen sind alle erfassbaren äußeren Faktoren, die auf einen Menschen einströmen und psychisch auf ihn einwirken. Belastungen, die durch eine berufliche Tätigkeit entstehen, können also sowohl positive wie auch negative Wirkungen haben. Langfristig tragen positive psychische Belastungen zur persönlichen Entwicklung und Motivation bei, während negative Belastungen zu einer Ermüdung und schädlichem Stress führen.[30]

Diese negativen psychischen Belastungen werden im Folgenden als Stressoren bezeichnet. Die äußeren Faktoren, die als Stressoren wirken, können aus verschiedenen Einflussbereichen stammen (Abbildung 9). Zum einen können diese von der Umwelt beeinflusst werden, aber auch durch Faktoren, die in der Person selbst liegen.

---

29 SPRINGER GABLER VERLAG (HRSG.): Gabler Wirtschaftslexikon - URL: http://wirtschaftslexikon.gabler de/Archiv/ 54410/arbeitsgestaltung-v10.html (Stand: 21.07.2014)
30 Vgl.: DIN EN ISO 10075-1: 2000. Ergonomische Grundlagen bezüglich psychischer Arbeitsbelastungen. Teil 1: Allgemeines und Begriffe, S. 3

Mit der Zielrichtung auf die Bausteine zur Verbesserung der Lebensarbeitsgestaltung von Baustellen-Führungskräften werden im folgenden Kapitel die negativen psychischen Beanspruchungen herausgearbeitet.

Umwelt

Einflüsse der Situation auf die psychische Belastung, z. B.:

Anforderungen seitens der Aufgabe	Physikalische Bedingungen	Soziale und organisationale Faktoren	Gesellschaftliche Faktoren
z. B.: Daueraufmerksamkeit (länger dauernde Beobachtung eines Bildschirms); Informationsverarbeitung (Ziehen von Schlüssen aus unvollständigen Informationen, Entscheidung zw. alternativen Handlungsweisen); Verantwortlichkeit (für Gesundheit und Sicherheit von Mitarbeitern, [...]); Dauer und Verlauf der Tätigkeit (Arbeitsstunden, Ruhepausen, [...].	z. B.: Beleuchtung (Leuchtdichte, Kontrast, Blendung); Klimabedingungen (Temperatur, Feuchte, Luftbewegung); Lärm (Schalldruck, Frequenz); Wetter (Regen, Sturm); Gerüche (stechend, ekelerregend).	z. B.: Organisationstyp (Führungsstruktur, Kommunikationsstruktur); Betriebsklima (pers. Akzeptanz, zwischen-menschliche Beziehungen); Gruppenmerkmale (Gruppenstruktur, Zusammenhalt); Führung (enge Aufsicht, dirigistische Führung); Konflikte ([...]); Soziale Kontakte (isolierter Arbeitsplatz, Kundenbeziehungen).	z. B.: Gesellschaftliche Anforderungen (Verantwortlichkeit für die öffentliche Gesundheit oder das Gemeinwohl); Kulturelle Normen (akzeptable Arbeitsbedingungen, Werte, Normen); Wirtschaftliche Lage (Arbeitsmarkt).

Ursache

Ind. Merkmale, die die Beziehungen zw. Belastung und Beanspruchung näher bestimmen, z. B.:

Anspruchsniveau, Vertrauen in die eigenen Fähigkeiten, Motivation, Einstellungen, Bewältigungsstrategien	Fähigkeiten, Fertigkeiten, Kenntnisse, Erfahrung	Allgemeinzustand, Gesundheit, körperliche Konstitution, Alter, Ernährung	Aktuelle Verfassung, Ausgangslage der Aktivierung

Person

Psychische Beanspruchung

Anregungseffekte	Beeinträchtigende Effekte	Andere Auswirkungen
Aufwärmeffekt, Aktivierung	Psychische Ermüdung und/oder ermüdungsähnliche Zustände (Monotoniezustand, herabgesetzte Wachsamkeit, psychische Sättigung)	Übungseffekt

Wirkung

Abbildung 9: Beziehungen zwischen Belastung/Beanspruchung bei psychischer Arbeitsbelastung[31]

---

31   Vgl.: DIN EN ISO 10075-1: 2000. Ergonomische Grundlagen bezüglich psychischer Arbeitsbelastungen. Teil 1: Allgemeines und Begriffe, S. 6

3 Situationserfassung Bauleitung

Die Ist-Zustandserfassung wurde, wie in Kapitel 1.5 beschrieben, mit verschiedenen Methoden und Verfahren durchgeführt, die Ergebnisse sind Inhalt des folgenden Kapitels.

3.1 Ergebnisse der Online-Befragung

Es wurden insgesamt zwei Online-Befragungen durchgeführt. Die erste Befragung hatte das Ziel, die aktuelle Arbeitssituation, den allgemeinen gesundheitlichen Zustand sowie den Verantwortungsbereich der Baustellen-Führungskräfte im Hinblick auf ihren beruflichen Lebenslauf und ihr Privatleben zu untersuchen. Die ergänzende Befragung, die in Anlehnung an die im Jahre 1997 von der Bundesanstalt für Arbeitsschutz und Arbeitsmedizin beauftragten Studie[32] durchgeführt wurde, zielte darauf ab, die Belastungssituation im Hinblick auf die aktuelle Arbeitssituation zu erfassen und einen entsprechenden Vergleichswert zu definieren.

3.1.1 Erste Online-Befragung

Die vorliegenden Ergebnisse der Online-Befragung (Anhang A)[33] wurden im Rahmen der ersten Projektphase des Projektes „Erhalt der Beschäftigungsfähigkeit von Baustellen-Führungskräften (EBBFü)" ausgearbeitet. Erstellt und ausgewertet wurde die Online-Befragung durch die Autorin. Die Umfrage war vom 2. April bis zum 18. Mai 2012 freigeschaltet und hat eine Rückläuferzahl von 133 beantworteten Fragebögen. Die verwertbare Stichprobe beträgt insgesamt 107[34] Befragungsrückläufer.

3.1.1.1 Basis der Befragung

Die Struktur der Befragten verteilt sich wie folgt: Hinsichtlich der *Branche*, in der der Arbeitgeber tätig ist, stellt sich eine relativ gleichmäßige Verteilung[35] zwischen

---

32 Vgl.: BUNDESANSTALT FÜR ARBEITSSCHUTZ UND ARBEITSMEDIZIN (BAUA): Psychische Belastung von Bauleitern. Dortmund/Berlin: 1997 (Fb 778)
33 Zusatzmaterialien sind unter www.springer.com auf der Produktseite dieses Buches verfügbar.
34 Die Stichprobenanzahl (n) zu den einzelnen Fragen kann davon abweichen.
35 Aufgeführt werden nur die Nennungen über 10 Prozent.

- Hochbau   (20 %),

- Bauen im Bestand   (16 %),

- Tiefbau   (15 %),

- Straßenbau   (14 %)   und

- Schlüsselfertigbau   (14 %)

ein.

Das *Durchschnittsalter* liegt bei 43,7 Jahren, die Mehrheit der Befragten war zum Zeitpunkt der Befragung in einem Alter von 35 bis 54 Jahren und überwiegend männlichen *Geschlechts* (94 %). Hinsichtlich der *Nationalität* nahmen fast ausnahmslos deutsche Staatsangehörige teil, lediglich ein Teilnehmer war türkischer Abstammung.

Der *Wohnort* der Befragten liegt zum größten Teil in Nordrhein-Westfalen (42 %) und Baden-Württemberg (21 %), gefolgt von Sachsen (8 %), Bayern und Berlin (jeweils 7 %). Aus den Bundesländern Bremen, Hamburg, Mecklenburg Vorpommern, Sachsen-Anhalt und Schleswig-Holstein gab es jeweils keinen Teilnehmer.

Beim *Familienstand* gaben 90 % der Befragten an, in einer Partnerschaft zu leben, davon waren 71 % verheiratet, und 19 % leben in einer eheähnlichen Gemeinschaft. Lediglich 4 % der Befragten sind geschieden und nur 6 % Single.

Im Durchschnitt hat der Kreis der Befragten 1,38 eigene *Kinder*, dies entspricht ziemlich genau der Geburtenziffer, die sich in den letzten Jahren immer zwischen 1,33 und 1,39 einpendelt hat.[36] Davon sind 0,51 Kinder noch minderjährig. Das Durchschnittsalter der minderjährigen Kinder beträgt 8,89 Jahre. Im Haushalt der Befragten leben durchschnittlich 1,43 Kinder. Auf diese Frage haben jedoch nur zwei Drittel der Befragten geantwortet, dadurch ist dieses Ergebnis verzerrt.

Die *Betreuung* der unter 16-jährigen Kinder wird überwiegend durch Partner/Partnerin sichergestellt, gekoppelt mit der Betreuung in Kindergarten oder Schule am Vormittag.

82 % der Befragten *wohnen* auch während der Arbeitswoche bei ihrer Familie bzw. ihrem Partner/Partnerin.

---

36   STATISTISCHES BUNDESAMT: Zusammengefasste Geburtenziffer nach Kalenderjahren – URL: https://www.destatis.de/DE/ZahlenFakten/GesellschaftStaat/Bevoelkerung/Geburten/Tabellen /GeburtenZiffer.html (04.08.2014)

Nur 10 % der Befragten haben keine *Hobbies* oder Zeit, diesen nachzugehen und begründen dies auch mit dem Zeitmangel infolge des großen Anteils der Arbeit. Dem gegenüber stehen 36 %, die regelmäßig ein Hobby ausüben, und 54 % die immerhin noch manchmal Zeit dazu finden.

Bei der Betrachtung der *Zeiteinteilung* (Abbildung 10) der Befragten wird deutlich, dass sie an den Tagen Montag bis Donnerstag an 11:23 Stunden und am Freitag 8:54 Stunden mit ihrer Arbeit beschäftigt sind. Dies ergibt eine Wochenarbeitszeit von 54:30 Stunden. Dennoch verbringen sie über 3 Stunden mit der/dem Partner(in), 1:30 Stunden mit den Kindern und ca. eine halbe Stunden mit Freunden und Hobbies. Dies lässt vermuten, dass sie sich abends noch mal an den Schreibtisch setzen, was durch die qualifizierten Befragungen im Nachhinein auch bestätigt wurde.

Der berufliche *Lebenslauf* der Befragten hat bei 82 % mit einer Ausbildung begonnen, davon haben sich allein 19 von 51 Befragten (37 %) zum Maurer ausbilden lassen. Nur 9 % aller Befragten haben anschließend nicht in ihrem Ausbildungsberuf gearbeitet. Mehr als zwei Drittel (67 %) der Befragten haben ein Studium oder auch ein zweites Studium (5 %) absolviert.

3.1.1.2 Zufriedenheit der Befragten

Laut Duden beschreibt das Wort „Zufriedenheit" einen Zustand, in dem wir uns innerlich ausgeglichen fühlen und an den gegebenen Verhältnissen nichts auszusetzen haben. Dies scheint ein schwer zu erreichendes Ziel zu sein, wenn die vielen unterschiedlichen Variablen betrachtet werden, die darauf Einfluss nehmen können. Im Folgenden werden die Ergebnisse im Lebenszirkel betrachtet.

Lebenssituation

Wenn die Ergebnisse im Hinblick auf die aktuelle Lebenssituation Wohnung, Gesundheit, Job und Lebensperspektive betrachtet werden, sind diese grundsätzlich positiv.

Bei der *Wohnung* geben nur 7 % an, unzufrieden zu sein. Bei der Betrachtung der Änderungswünsche, die immerhin von 15 % geäußert werden, ist deutlich, dass es sich in diesem Bereich eher um Luxusprobleme (neues Haus, zusätzliche Immobilie im Ausland etc.) handelt. Lediglich 3 Teilnehmer äußern den Wunsch, näher am Arbeitsplatz zu wohnen.

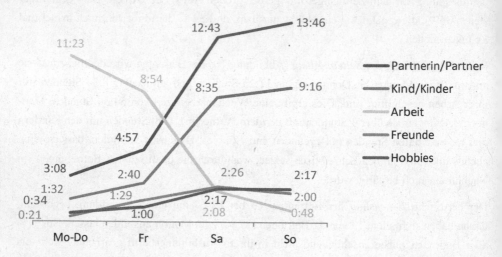

Abbildung 10: Darstellung der Aktivitäten pro Tag [Stunden]

Der *Gesundheitszustand* wird von gut drei Viertel der Befragten mindestens als „zufrieden stellend" beschrieben. Bei dem restlichen Viertel der Unzufriedenen sind die häufigsten Änderungswünsche

- mehr Sport (34,3 %),

- mehr Freizeit und Erholung (25,7 %) und

- weniger Stress (17,1 %).

Auf den Bereich des Gesundheitszustandes wird in einem gesonderten Kapitel 3.1.1.3 noch vertiefend eingegangen.

Auf die Frage „Wie zufrieden sind Sie insgesamt mit Ihrer derzeitigen Lebenssituation, bezogen auf Ihren *Job*?" antworten 14 %, dass sie „sehr zufrieden" und 67 %, dass sie „zufrieden" sind. Insgesamt sind also 81 % der Befragten mindestens zufrieden mit der aktuellen Situation im Job und 19 % nicht zufrieden (davon 18 % unzufrieden und 1 % sehr unzufrieden). Dies bedeutet, dass fast 1/5 über einen Wechsel des Arbeitsplatzes oder sogar des Berufs nachdenkt; die Gefahr der Fluktuation ist hier also sehr groß.

Die Änderungswünsche, die hier geäußert wurden, sind

- eine leistungsgerechte Entlohnung (17,7 %)

- weniger Arbeit (13,7 %)

- geregelte/flexible Arbeitszeiten und weniger Zeitdruck (13,7 %)

- mehr Unterstützung (11,4 %).

Im Vergleich zur Akademie-Studie 2013[37] (Frage: „Wie zufrieden sind Sie mit Ihrer momentanen beruflichen Situation?") liegt die Bauwirtschaft im unzufriedenen Bereich um 2,4 Prozentpunkte unter dem Durchschnitt.

Bei der *Lebensperspektive* sehen 83 % der Befragten positiv in die Zukunft. 36 % äußern Änderungswünsche, allerdings werden diese nur von der Hälfte auch dezidiert benannt. Dabei landen auf den Plätzen 1-5, mit jeweils 13 %

- mehr Sicherheit,

- Gesundheit,

- heimatnaher Arbeitsplatz,

- mehr Freizeit und

- mehr Zufriedenheit.

Partnerschaft und Kinder

Die überwiegende Mehrheit (90 %) gab an, verheiratet zu sein (71 %) oder in einer Partnerschaft zu leben (19 %). Lediglich ein kleiner Anteil war geschieden (4 %) bzw. noch Single (6 %). Mit der Situation in der *Partnerschaft* sind 90 % der Befragten mindestens zufrieden. Insgesamt kann also festgestellt werden, dass die große Mehrheit in glücklichen, geordneten Verhältnissen lebt, die auch den entsprechenden Rückhalt bietet.

---

37   Vgl.: AKADEMIE FÜR FÜHRUNGSKRÄFTE DER WIRTSCHAFT GMBH: Akademie - Studie 2013 - Auf dem Prüfstand: Deutsche Fach- und Führungskräfte über Karriere, Zufriedenheit und Wünsche an den Arbeitsplatz. Überlingen am Bodensee, 2013, S. 8

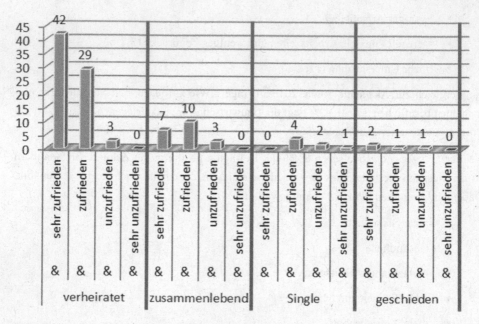

Abbildung 11: Zusammenhang Familienstand und Zufriedenheit in der Partnerschaft

Bei der Betrachtung der Geschiedenen fiel auf, dass die Gründe für die Scheidung nicht aus dem beruflichen Umfeld stammten. Jedoch gaben 6 der insgesamt Befragten an, dass eine vorherige Beziehung aus beruflichen Gründen gescheitert ist. Die Hauptbegründung bei beruflichen Trennungsgründen liegt in den langen Arbeitszeiten und den daraus resultierenden Abwesenheiten von Zuhause.

Fast drei Fünftel der Befragten ist in der Partnerschaft zufrieden und hat keine Änderungswünsche. 82 % derer, die Änderungswünsche haben, würde sich jedoch „mehr Zeit miteinander" wünschen.

Ähnlich gestaltet sich die Aussage derer, die Kinder haben und Änderungswünsche äußern. 75 % wünschen sich „mehr Zeit miteinander".

Hobbies

Von 105 Befragten gaben 36 %, an Hobbies zu haben und auch Zeit zu haben diesen regelmäßig nachzugehen. 54 % der Befragten haben nur manchmal Zeit für Hobbies und 10 % überhaupt nicht. Als Grund dafür wurde zu 90 % „Zeitmangel" genannt. Der alleinige Grund kann aber nicht ausschließlich in der hohen Arbeitsauslastung gefunden werden, sondern auch in der Veränderung des Verhaltens, wenn Kinder in das eigene Leben eintreten. Diese Aussage wird dadurch bestätigt, dass gut ein Zehntel derer, die in Bezug auf ihre Situation zu ihren Kindern unzufrieden sind, äußern, dass sie mehr Zeit mit diesen verbringen möchten.

Der Anteil der Befragten, die keine Zeit mehr für Hobbies haben, ist mit dieser Situation völlig unzufrieden und hätte gern mehr Zeit für Hobbies und einen geregelten Tagesablauf, um diese auszuüben. Nur ein geringer Teil (40 %) derer, die nur manchmal ein Hobby betreiben, sind auch zufrieden mit dieser Situation (Abbildung 12).

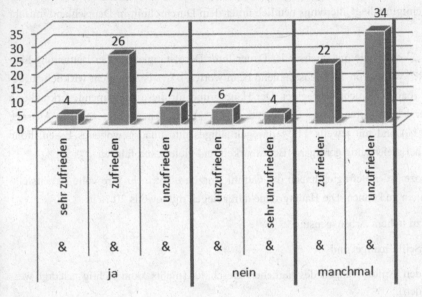

Abbildung 12: Darstellung der Zufriedenheit im Zusammenhang mit der Ausübung von Hobbies

Im Durchschnitt verwenden die Befragten von Montag bis Donnerstag 34 Minuten für ihre Hobbies. Am Freitag steigt es auf eine ganze Stunde, während sie am Wochenende durchschnittlich 2:17 Stunden mit ihren Hobbies verbringen (Abbildung 10).

3.1.1.3 Gesundheitszustand

Wie schon zuvor erwähnt, wird der Gesundheitszustand von gut drei Viertel der Befragten mindestens als zufriedenstellend beschrieben. Dieser wurde in einem gesonderten Block mit weiteren zwölf Fragen genauer untersucht.

Von den 64 Antworten konnten etwa ein Drittel der Befragten ihre Erkrankungen auf berufliche Faktoren zurückführen. Tatsächlich wurden dabei nur zwei Erkrankungen und ein Arbeitsunfall genannt. Alle weiteren Begründungen sind aus dem psychischen Bereich.

Zusätzlich zur durchschnittlichen Anzahl von 9,3 Krankheitstagen mit Arbeitsunfähigkeitsbescheinigung gingen 78 % der Befragten in den letzten drei Jahren an 11,5 Arbeitstagen zur Arbeit, obwohl sie krank waren oder sich krank gefühlt haben. Daraus ergibt sich ein Vergleichswert von mehr als 20 Krankheitstagen. Dieser liegt über dem Durchschnitt[38] in Deutschland im Jahr 2012. Die Anzahl der Arbeitsunfähigkeitstage mit Arbeitsunfähigkeitsbescheinigung liegt allerdings deutlich unter dem Durchschnitt in Deutschland im Jahr 2012.

Die Frage „Werden Sie mit wachsender Dauer Ihrer Berufstätigkeit in der Bauleitung häufiger krank?" wurde von 13 % zustimmend beantwortet, 45 % ist das nicht wirklich aufgefallen bzw. haben es nicht beobachtet. Der Hauptgrund für diese zunehmende Erkrankung wird in der Überarbeitung/keine Regeneration (28 %) gesehen, gefolgt von der Aussage Stress (22 %) und mit jeweils 11 % unregelmäßiges und unausgewogenes Essen, hohe Belastung bei gleichzeitig geringerer Belastbarkeit und vielen Autofahrten.

Dreißig Prozent der Befragten haben das Gefühl, zurzeit nicht mehr ihre volle Arbeitsleistung erbringen zu können. Die Hauptgründe dafür liegen mit jeweils 20 % in

- zu hohem Arbeitspensum,

- Schlafmangel und

- den Anforderungen des täglichen Geschäfts (nichts kann richtig erledigt werden).

Durch diese Zahlen und Fakten ist eine deutliche Abweichung von der eigenen Einschätzung der Baustellen-Führungskräfte, die sehr positiv war, zu erkennen.

3.1.1.4 Arbeitsalltag

Der Arbeitsalltag der Baustellen-Führungskräfte ist geprägt durch unterschiedliche Arbeitsbedingungen. Zu diesen gehören sowohl Witterungsbedingungen als auch ein rascher Wechsel zwischen den Aufgaben, permanente Erreichbarkeit, Wechsel zwischen unter-

---

38 Laut BKK GESUNDHEITSREPORT 2013 (S. 12) beträgt die durchschnittliche Anzahl von Arbeitsunfähigkeitstagen je Versicherten 16,6 Arbeitstage.

schiedlichen Themenbereichen auf unterschiedlichen Baustellen sowie unvorhergesehenen Ereignissen.

Zu diesen Arbeitsbedingungen wurden in der Umfrage Aussagen formuliert, deren Antwortmöglichkeiten auf einer Skala von 1-4 abgestuft waren („stimme voll zu" bis „stimme überhaupt nicht zu").

Die folgenden Ergebnisse zeigen, dass Baustellen-Führungskräfte bestimmte „Typen" sind, die sich durch Arbeitsbedingungen, die andere als Stressoren empfinden würden, größtenteils positiv beeinflussen lassen.

„Die unterschiedlichen Arten von Tätigkeiten und der ständige Wechsel zwischen den Themen macht mir Spaß." Bis auf einen stimmen hier alle zu. Rascher Aufgabenwechsel scheint also kein Stressor zu sein.

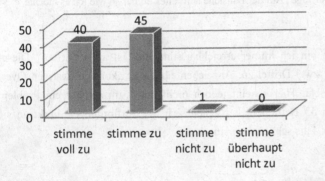

Abbildung 13: Ergebnis zur Aussage „Die unterschiedlichen Arten von Tätigkeiten und der ständige Wechsel zwischen den Themen macht mir Spaß."

„Auf der Baustelle läuft alles immer so, wie ich es möchte." Dort sind Probleme erkennbar, zurückzuführen sind diese auf die vielen Unterbrechungen und Personalmangel. Denn Unterbrechungen sind der Standard, sie treffen zu 94 % „sehr häufig/häufig" ein.

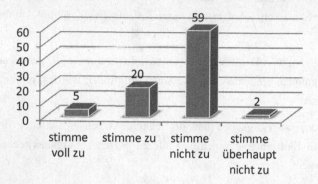

Abbildung 14: Ergebnis zur Aussage „Auf der Baustelle läuft alles immer so wie ich es möchte."

„Mit meinem Mobiltelefon bin ich immer erreichbar, und dies ist auch gut so!" Dieser Aussage stimmen auch gut zwei Drittel zu, Anzeichen für einen „kommunikativen Overkill" sind bei 40 % erkennbar. Hier scheint jedoch nicht der Auftraggeber ein Problem darzustellen, denn von den 53 Befragten, bei denen sich der Auftraggeber direkt an sie wendet, empfanden dies nur 4 als sehr problematisch.

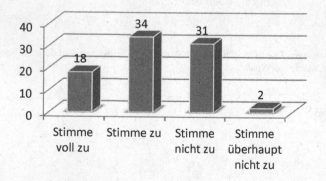

Abbildung 15: Ergebnis zur Aussage „Mit meinem Mobiltelefon bin ich immer erreichbar, und dies ist auch gut so!"

„Mit meinen Kollegen/Kolleginnen komme ich gut zurecht." Hier eine durchweg positive Rückmeldung.

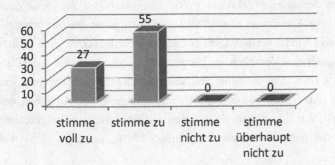

Abbildung 16: Ergebnis zur Aussage „Mit meinen Kollegen/Kolleginnen komme ich gut zurecht."

Und trotzdem stellt sich das Ergebnis zu „Ich kann Arbeit an kompetente Mitarbeiter delegieren." ganz anders dar.

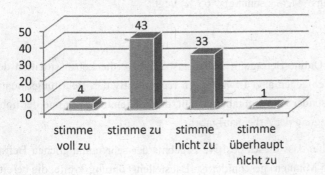

Abbildung 17: Ergebnis zur Aussage „Ich kann Arbeit an kompetente Mitarbeiter delegieren."

Die übertragenen Aufgaben werden von den Baustellen-Führungskräften zu 70 % als nicht in der vertraglich festgelegten Arbeitszeit als erfüllbar angesehen. Hinzu kommt, dass in 73 % der Fälle die Aufgaben im Unternehmen genau definiert sind und mehr als 82 % der Befragten darüber hinaus noch weitere Aufgaben erledigen, obwohl sie nicht zu ihrem Arbeitsbereich gehören. Der überwiegende Grund dafür liegt in der Notwendigkeit, dass es „jetzt gemacht werden muss" (40 %). Baustellen-Führungskräfte übernehmen also Aufgaben, die von anderen vernachlässigt wurden, obwohl sie schon sehr belastet sind und ihr Arbeitspensum nicht in der arbeitsvertraglich geregelten Arbeitszeit bewältigen können. Ausschlaggebend dafür ist der enorme Zeitdruck („Wie häufig arbeiten Sie unter Zeitdruck?" Zu je 47 % waren die Antworten „häufig" und „ständig"), unter dem sie arbeiten. Des Weiteren empfinden drei Viertel der befragten Baustellen-Führungskräfte eine zusätzliche Belastung durch Organisationseinheiten im Unternehmen, von denen sie eigentlich eine Entlastung erwarten sollten. Das Resultat sind durchschnittliche Arbeitszeiten von über 11 Stunden pro Tag (Abbildung 10) und die Vernachlässigung von Aufgaben des eigenen Aufgabenbereichs („Wie oft müssen sie wichtige Aufgaben vernachlässigen, weil sie insgesamt zu viel zu tun haben?" Antworten: „häufig" 57 %, „ständig" 15 % und „manchmal" 28 %).

Die Arbeitszeit der Baustellen-Führungskräfte beträgt durchschnittlich 11:23 Stunden an den Tagen Montag bis Donnerstag und am Freitag 8:54 Stunden (Abbildung 10). Selbst bei einer vorhandenen Arbeitszeitregelung wird diese von über 36 % der Befragten an keinem Tag der Woche eingehalten. Auch Wochenendarbeit ist keine Seltenheit, wobei der Schwerpunkt hier auf dem Samstag („Wie oft kommt es vor, dass Sie an ... arbeiten müssen?" Antwort: „nie samstags" 11 %, „sonntags" 65 %) liegt.

3.1.1.5 Fazit

Die Ergebnisse der ersten Online-Befragung stellen insbesondere die Lebenssituation der Baustellen-Führungskräfte entgegen aller Erwartungen recht positiv dar. Belastungssituationen sind erkennbar, insbesondere die Aufgabenvielfalt, deren Kleinteiligkeit und der hohe Arbeitsaufwand zur Bewältigung der Arbeitsaufgaben.

Es liegt die Vermutung nahe, dass dieses positive Ergebnis der sehr umfänglichen Befragung (angegebene Dauer 45 Minuten) geschuldet ist. Baustellen-Führungskräfte, die bereits sehr belastet sind, haben vermutlich gar nicht erst teilgenommen. Die Umfrage spiegelt daher den typischen Charakter „Bauleiter", der Spaß an seiner Tätigkeit hat, wieder und nicht den überlasteten Bauleiter.

Zweite Möglichkeit: Die Ergebnisse sind nicht so schlecht, wie einzelne Stimmungsbilder aus verschiedenen Gesprächen mit Baustellen-Führungskräften und Medienberichte annehmen ließen. Wiederum scheint die aktuelle Situation auch für die sehr positiven Baustellen-Führungskräfte nicht wirklich befriedigend im Hinblick auf die Belastungssituation und einer effektiven Ausgewogenheit zwischen Arbeit und Erholungsphasen zu sein. Der Wunsch nach kürzeren Arbeitszeiten und mehr Freizeit wird trotz der positiven Darstellung der Tätigkeit einer Baustellen-Führungskraft sehr deutlich. Und die Fluktuationsgefahr mit ca. 20 % derer, die unzufrieden in ihrem Job sind, ist nach wie vor sehr hoch.

3.1.2 Ergänzende Online-Befragung zu den Stressoren

Die Ergebnisse der ergänzenden Online-Befragung (Anhang B)[39] wurden ebenfalls im Rahmen der ersten Projektphase des Projekts „Erhalt der Beschäftigungsfähigkeit von Baustellen-Führungskräften (EBBFü)" ausgearbeitet. Erstellt wurde diese Befragung in Anlehnung an die des Jahres 1997[40], um eine Vergleichbarkeit herstellen zu können. Ein Unterschied besteht jedoch in der angewandten Methodik, da die Befragung von Strobel als Leitfadengestützte Befragung durchgeführt wurde. Hinsichtlich der Vergleichbarkeit wurden drei Anforderungen und Arbeitsbedingungen der Befragung von 1997 nicht wörtlich in die aktuelle Online-Befragung übernommen, da diese inhaltlich bereits enthalten waren. Dabei handelte es sich um Frage 6 (Detailreichtum der Vorgaben der VOB), Frage 28 (schwer zu vereinbarende sachliche Ziele und Aufgaben) und Frage 31 (unklare Abgrenzung des eigenen Aufgaben- und Kompetenzbereichs gegenüber Kollegen und Kooperationspartnern). Des Weiteren wurde Frage 19 (zu wenig Zeit und Energie für Partnerin, Familie und Freunde) einzeln dargestellt und daraus zwei Fragestellungen formuliert, hinzu kamen noch ähnliche Fragestellungen in Bezug auf Hobbies und sportlichen Aktivitäten. In den folgenden Kapiteln werden die wichtigsten Ergebnisse der ergänzenden Befragung dargestellt, und es wird ein kurzer Vergleich[41] mit der letzten Studie angestellt.

3.1.2.1 Basis der Befragung

Zielgruppe der Befragung waren Firmenbauleiter, also Bauleiter, die für den Auftraggeber tätig sind. Die Online-Umfrage war vom 25. Juni bis zum 9. Oktober 2012 freigeschaltet und dauerte maximal 10 Minuten. Sie hat eine verwertbare Stichprobe von 105 Befragungsrückläufern ergeben, die von der Autorin ausgewertet wurden.

---

39 Zusatzmaterialien sind unter www.springer.com auf der Produktseite dieses Buches verfügbar.
40 Vgl.: BUNDESANSTALT FÜR ARBEITSSCHUTZ UND ARBEITSMEDIZIN (BAUA): Psychische Belastung von Bauleitern. Dortmund/Berlin: 1997 (Fb 778)
41 Die Angaben zum Vergleich wurden entnommen: BUNDESANSTALT FÜR ARBEITSSCHUTZ UND ARBEITSMEDIZIN (BAUA): Psychische Belastung von Bauleitern. Dortmund/Berlin: 1997 (Fb 778)

3.1.2.2 Anforderungen und Arbeitsbedingungen

Insgesamt wurden 38 Anforderungen und Arbeitsbedingungen zur Auswahl gestellt, davon erlangten alleine 25 einen Anteil von mindestens 50 %. Nur eine Arbeitsbedingung erlangte einen Anteil von unter 20 %. Die befragten Baustellen-Führungskräfte bezeichneten wenigstens 9 und höchstens 37 Arbeitsanforderungen und -bedingungen als relevant für ihre berufliche Tätigkeit. Die durchschnittliche Anzahl der Nennungen liegt bei 20,7. Hier gibt es keinen nennenswerten Unterschied zu der Studie des Jahres 1997, die durchschnittliche Anzahl betrug dort 21, und die Anzahl der Nennungen lag bei 10-33. Die Rangfolge der Anforderungen und Arbeitsbedingungen ergibt sich aus Abbildung 19. Im Vergleich zu der im Jahre 1997 durchgeführten Befragung gibt es Unterschiede im Rangfolgentausch bei den am häufigsten genannten beruflichen Anforderungen und Arbeitsbedingungen (siehe Abbildung 18).

Lediglich die Anforderungen „Beachtung einer Vielzahl von behördlichen und rechtlichen Vorschriften" ist von Rang 15 auf Rang 7 gestiegen und damit unter die 10 am häufigsten genannten Anforderungen gelangt, hingegen ist der „rasche Aufgabenwechsel" von Rang 2 auf Rang 11 gefallen und durch die Mehrfachbelegung von verschiedenen Rangplätzen aus der Liste der 10 am häufigsten genannten herausgefallen.

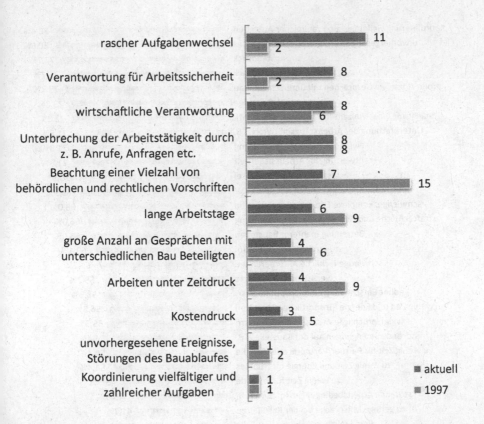

Abbildung 18: Rangfolge der am zehnthäufigsten genannten Anforderungen im Vergleich

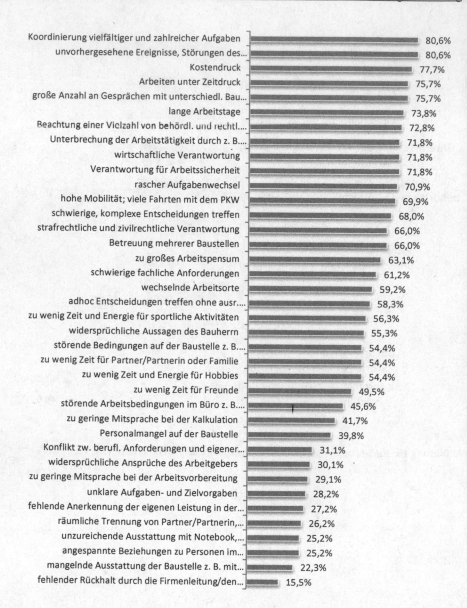

Abbildung 19: Rangfolge der Relevanz der beruflichen Arbeitsanforderungen und Bedingungen

Bei der Betrachtung der Rangplatzierung 11-20 (Abbildung 20) lässt sich eine noch gerin-
gere Abweichung feststellen. Die Arbeitsanforderungen und Bedingungen scheinen sich
seit der letzten Befragung im Jahre 1997 nicht gravierend verändert zu haben, außer im
Hinblick auf die „Beachtung von einer Vielzahl behördlicher sowie rechtlicher Vorschriften". Der „rasche Aufgabenwechsel" sowie die „Verantwortung für Arbeitssicherheit"
scheinen nicht mehr so stark wahrgenommen zu werden. Dafür haben sich das „Arbeiten
unter Zeitdruck", der „Kostendruck" sowie die „langen Arbeitstage" stärker in die Wahrnehmung gedrängt.

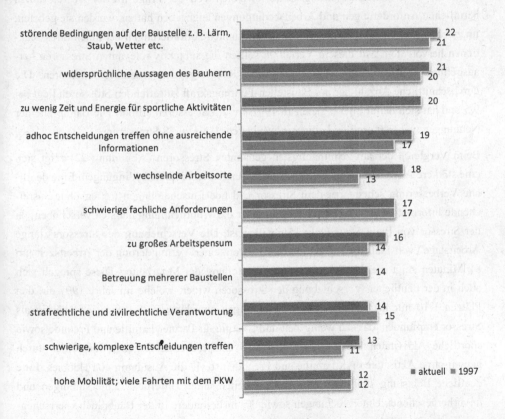

Abbildung 20: Rangfolge der weiteren genannten Anforderungen im Vergleich

Die Anzahl der Arbeitsstunden pro Woche stellen sich im Vergleich positiver dar. Im
Durchschnitt arbeiten Baustellen-Führungskräfte 81 Minuten weniger pro Woche (aktuell

53:54 Stunden), dies sind jedoch immer noch fast 14 Stunden mehr als tariflich gefordert und damit knapp 3 Überstunden pro Arbeitstag.

Die Anforderungen und Arbeitsbedingungen der Baustellen-Führungskräfte haben sich im Vergleich zur Studie von 1997 also kaum verändert. Im Folgenden sollen nun die Stressoren – also die Anforderungen, die Stress verursachen – betrachtet werden.

3.1.2.3 *Stressoren*

Nachdem die Baustellen-Führungskräfte im ersten Teil der Frage die für sie relevanten beruflichen Anforderungen und Arbeitsbedingungen angegeben hatten, wurden sie gebeten, im zweiten Teil einzuschätzen, welche der genannten Anforderungen bei ihnen Stressreaktionen hervorrufen. Mit diesem Verfahren sollten die subjektiv relevanten Stressoren herausgefiltert werden. Abbildung 21 zeigt die Rangfolge der genannten Stressoren. Die durchschnittliche Anzahl der pro Baustellen-Führungskraft zutreffenden Stressoren liegt bei 9,5 und hat sich damit im Vergleich zu 1997 um 2,5 Stressoren erhöht. Die Bandbreite der Nennungen war sehr groß und ging von wenigstens 0 bis zu 28 Stressoren.

Beim Vergleich der am zehnthäufigsten genannten Stressoren (Abbildung 22) zeigt sich eine stärkere Abweichung als bei den Anforderungen und Arbeitsbedingungen. Eine deutliche Verbesserung scheint bei dem Stressor „ad hoc Entscheidungen treffen ohne ausreichende Informationen" eingetreten zu sein, oder die Wahrnehmung hat sich verschoben, da der Stressor von Platz 5 auf Platz 15 gefallen ist. Die Verschiebung des Stressors „lange Arbeitstage" von Platz 14 auf aktuell Platz 7 trotz einer Verminderung der Arbeitszeit um 81 Minuten zeigt die deutlich veränderte Einstellung der Mitarbeiter. Diese spiegelt sich auch in der deutlichen Verschiebung der Stressoren wider, welche im Jahre 1997 auf den Plätzen 1-10 nur betriebliche Arbeitsbedingungen einschlossen. So wird jetzt häufig als Stressor empfunden, dass zu wenig Zeit und Energie für Partner/Familie und Freunde sowie sportliche Aktivitäten besteht. Es fehlen also entsprechende Regenerationsfelder durch gemeinsame Aktivitäten mit Familie und Freunden sowie die Ausübung von Hobbies. Eine deutliche Belastung stellt weiterhin das „Arbeiten unter Zeitdruck", „die ständigen und unvorhergesehenen Unterbrechungen sowie der insbesondere in der Baubranche herrschende „Kostendruck" dar. Zusammenfassend können die stärksten Stressoren der Baustellen-Führungskräfte wie folgt beschrieben werden:

zu großes Arbeitspensum — 44,1%
zu wenig Zeit und Energie für sportliche Aktivitäten — 43,8%
Arbeiten unter Zeitdruck — 42,1%
zu wenig Zeit für Partner/Partnerin oder Familie — 40,9%
Kostendruck — 39,8%
unvorhergesehene Ereignisse, Störungen des… — 38,0%
lange Arbeitstage — 37,1%
widersprüchliche Aussagen des Bauherrn — 35,5%
Unterbrechung der Arbeitstätigkeit durch z. B.… — 34,0%
zu wenig Zeit und Energie für Hobbies — 32,6%
zu wenig Zeit für Freunde — 30,0%
strafrechtliche und zivilrechtliche Verantwortung — 26,0%
Beachtung einer Vielzahl von behördl. und rechtl.… — 25,5%
störende Arbeitsbedingungen im Büro z. B.… — 21,5%
Personalmangel auf der Baustelle — 20,2%
adhoc Entscheidungen treffen ohne ausr.… — 19,6%
hohe Mobilität; viele Fahrten mit dem PKW — 18,4%
widersprüchliche Ansprüche des Arbeitgebers — 16,7%
Konflikt zw. berufl. Anforderungen und eigener… — 15,5%
Koordinierung vielfältiger und zahlreicher Aufgaben — 14,9%
Verantwortung für Arbeitssicherheit — 14,9%
zu geringe Mitsprache bei der Kalkulation — 12,8%
rascher Aufgabenwechsel — 12,1%
große Anzahl an Gesprächen mit unterschiedl. Bau… — 12,0%
fehlende Anerkennung der eigenen Leistung in… — 11,7%
wechselnde Arbeitsorte — 11,0%
unklare Aufgaben- und Zielvorgaben — 10,5%
Betreuung mehrerer Baustellen — 9,3%
räumliche Trennung von Partner/Partnerin,… — 8,6%
angespannte Beziehungen zu Personen im… — 8,4%
wirtschaftliche Verantwortung — 7,8%
unzureichende Ausstattung mit Notebook,… — 7,4%
zu geringe Mitsprache bei der Arbeitsvorbereitung — 7,3%
fehlender Rückhalt durch die Firmenleitung/den… — 6,4%
störende Bedingungen auf der Baustelle z. B.… — 6,1%
schwierige, komplexe Entscheidungen treffen — 4,9%
mangelnde Ausstattung der Baustelle z. B. mit… — 4,2%
schwierige fachliche Anforderungen — 4,0%

Abbildung 21: Rangfolge der Stressoren

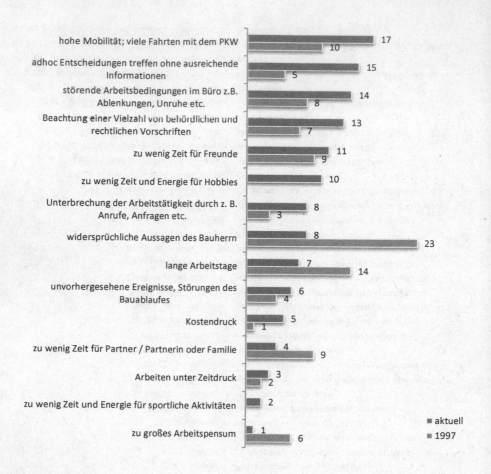

Abbildung 22: Rangfolge der zehnthäufigsten genannten Stressoren im Vergleich

3.1.2.4 Fazit

Baustellen-Führungskräfte haben ein großes Arbeitspensum unter den Bedingungen von Zeit- und Kostendruck mit regelmäßigen unvorhergesehenen Störungen und Ereignissen zu bewältigen. Das Arbeitspensum übersteigt die zur Verfügung gestellte Arbeitszeit durchschnittlich um mehr als 25 Prozent. Bei einem Arbeitstag von regelmäßig mindestens 11 Stunden (ohne Fahrzeiten) bleibt zu wenig Zeit zur Regeneration bzw. zum Ausgleich der Stressoren durch positive Erlebnisse in der Freizeitgestaltung. Verbesserungspotenziale stecken in einem anderen Zeitmanagement bzw. in einer Reorganisation der Arbeitsaufgabe sowie in einem Umdenken der Baubranche im Hinblick auf den Kostendruck. Qualität verursacht Kosten, und daher ist eine Veränderung des Images der Baubranche notwendig. Dieses ist bisher, teils durch die Berichterstattung in den Medien, teils durch die Unwissenheit der Bevölkerung, hinsichtlich Aufgaben und Arbeitsweisen (Stichwort: Prototypenfertigung) negativ belastet. „Der Kunde ist König" wird von den Bauunternehmen gelebt, der Kenntnisstand des Kunden und das Vorstellungsvermögen sind meist sehr gering, dies führt zu Kommunikationsproblemen bei der Bauausführung. Die Flexibilität, die aus dem Leitmotiv „der Kunde ist König" geboten wird, muss auf ein umsetzbares Maß reduziert werden; kein Kunde würde nach der Bestellung eines Automobils beispielsweise auf die Idee kommen, noch Änderungen an der Ausstattung vorzunehmen. Es ist daher notwendig, die Bevölkerung besser über die komplexen Zusammenhänge des Bauens zu informieren.

3.2 Ergebnisse der Experten-Gespräche

Die Expertengespräche wurden als leitfadengestützte Interviews von der conpara Gesellschaft für Unternehmensberatung mbH als Partner im Projekt EBBFü geführt. Die Autorin war an der Entwicklung der Interviewleitfäden (Anhang C – Interviewleitfaden der Expertengespräche: Geschäftsführung Anhang D – Interviewleitfaden der Expertengespräche: Baustellen-Führungskraft)[42] beteiligt. Während die Interviews der Baustellen-Führungskräfte im Nachhinein von der Verfasserin auf Basis der Mitschnitte der Interviews ausgewertet werden konnten, konnte die Darstellung der Ergebnisse der Geschäftsführung nur anhand der von der conpara zur Verfügung gestellten Ergebnisaufzeichnung und aus dem Gespräch mit dem entsprechenden Mitarbeiter erfolgen.

3.2.1 Baustellen-Führungskräfte

3.2.1.1 Basis der Ergebnisse

Befragt wurden insgesamt 16 Baustellen-Führungskräfte der Praxispartner im Projekt EBBFü. Die Größe der Unternehmen der Praxispartner im Projekt EBBFü reicht von sechs Mitarbeitern bis zu ca. 1.180 Mitarbeitern. Die Teilnehmer an der Befragung wurden von Seiten der Geschäftsführung ausgewählt, die Interviewdauer betrug ca. zwei Stunden. Ziel

---

42   Zusatzmaterialien sind unter www.springer.com auf der Produktseite dieses Buches verfügbar.

der qualitativen Befragung war, die Belastungssituation der Baustellen-Führungskräfte sowie ihre Einbindung in Prozesse und Strategien im Unternehmen zu erfassen.

3.2.1.2 Stressoren[43]

Die befragten Baustellen-Führungskräfte bestätigen die Ergebnisse der Online-Befragungen. Das Arbeitspensum ist nur im Rahmen von Überstunden zu bewältigen. Gründe für die stetig steigende Arbeitsbelastung sehen sie in

- dem erhöhten Dokumentationsaufwand, der gefordert wird, um den Anforderungen des Qualitätsmanagements, des Arbeits- und Gesundheitsschutzes und des Umweltschutzes zu entsprechen. Aber auch durch die stetig wachsende Verrechtlichung des Bauens, in der Rechtssicherheit geschaffen werden muss, damit das Bauunternehmen nicht in die Haftung gezogen werden kann. Teilweise hat sich der Dokumentationsaufwand vervierfacht: „[…] früher war ein 100.000 €-Projekt mit einem Ordner abzuwickeln, heute benötigt man 3-4 Ordner".

- der schlechten Arbeitsvor- und -nachbereitung der Projekte. Aufgrund der großen Anzahl der Projekte sowie des herrschenden Kosten- und Zeitdrucks in der Baubranche bei der Abwicklung der Projekte bleibt häufig zu wenig Zeit für Übergabegespräche, abschließende Gespräche oder auch Nachkalkulation. „Wenn der Auftrag dann mal vergeben ist, müssen wir auch schnell mit den Bauen beginnen […] schließlich wurde schon so viel Zeit bis zur Vergabe des Auftrages vergeudet."

- der Flexibilität der Bauherren, die sich zu jeder Zeit noch eine Planänderung wünschen können. Dies führt zu Planänderungen die „kurzfristig mal eben per Mail mitgeteilt werden" und damit keine Vorlaufzeit bieten.

- der Flexibilität von Nachunternehmern und Lieferanten. „Terminpläne ändern sich fast täglich infolge der Unzuverlässigkeit von Nachunternehmern, aber auch Lieferanten".

- der mangelnden Kompetenz von Mitarbeitern, Nachunternehmern und Lieferanten. Hier besteht insbesondere bei Nachunternehmern und Lieferanten das Problem, dass sie häufig nicht der deutschen Sprache mächtig sind. Und bei Mitarbeitern und Nachunternehmern, dass sie schlecht ausgebildet oder auch unmotiviert sind.

---

43   Die Zitate in den folgenden Textpassagen stammen aus den Interviews mit den Baustellen-Führungskräften.

- dem Umgang mit dem Bauherrn, der „häufig schlecht informiert ist und trotzdem am längeren Hebel sitzt". Und insbesondere im Umgang mit der öffentlichen Hand, deren Bestechlichkeitsprävention dazu führen, dass „manche Mitarbeiter fast panisch werden, wenn man ihnen einen Kaffee anbietet".

- dem Fortschritt der Kommunikationstechnologien. Fast jeder ist jederzeit erreichbar und kann jederzeit informiert werden. Informationen werden nicht mehr gebündelt übermittelt, sondern „wenn es einem einfällt", also auch nachts oder am Wochenende. Dadurch entstehen ständige Störungen, sei es durch Anrufe oder E-Mails, sowie viele überflüssige Gespräche, die früher so nicht geführt wurden. „Man kann ja mal eben zum Hörer greifen und braucht sich selbst keine Gedanken mehr zu machen". „Gern ruft auch der LKW-Fahrer des Lieferanten von unterwegs an, um zu klären, wo er abladen soll".

- der Zunahme des Verkehrs auf den Straßen. Daraus haben sich die Fahrzeiten für die Baustellen-Führungskräfte deutlich erhöht.

- der schlechten Ausstattung der Baustelle. Der technische Fortschritt hat Einzug gehalten im Büro der Bauleitung im Unternehmen, aber teilweise nicht vollständig auf der Baustelle. Es wird beklagt, dass im schlechtesten Fall kein PC im Baustellenbüro vorhanden ist, dort „wird alles per Hand geschrieben und im Büro in Listen eingetragen". So wird eine doppelte Dokumentation notwendig. Aber es fehlt auch eigenes Werkzeug auf der Baustelle, so dass nicht jederzeit alles verfügbar ist.

3.2.1.3 Wünsche

Von einigen Baustellen-Führungskräften wurde der Wunsch geäußert, dass ein Sekretariat sie von einigen Aufgaben wie

- Anrufen

- Prüfung von Stundenzetteln

- Dokumentation

- Schriftverkehr

- Abrechnung

- Planänderung

- Mängelbeseitigung

- Freigaben

- Aufmaß

entlastet.

3.2.2 Geschäftsführung

3.2.2.1 Basis der Ergebnisse

Befragt wurden insgesamt 14 Geschäftsführer der Unternehmen, welche Praxispartner im Projekt EBBFü waren; die Interviewdauer betrug zwischen eineinhalb und drei Stunden. Im Fokus der qualitativen Befragung der Geschäftsführer war die Beschreibung der Arbeitssituation von Baustellen-Führungskräften mit ihren positiven und negativen Charakteristiken und deren Einbindung in die Prozesse und Strategien im Unternehmen.

3.2.2.2 Stressoren[44]

Die befragten Geschäftsführer bestätigten die Aussagen der Baustellen-Führungskräfte, insbesondere im Hinblick auf

- den immer größer werdenden Zeitdruck und die daraus resultierende steigende Arbeitsbelastung für die Baustellen-Führungskräfte. Die Verdichtung hat in doppelter Hinsicht zugenommen: Zum einen sind es „zu viele Projekte pro Bauleiter", d. h. es wird immer mehr Leistung in weniger Zeit abverlangt, und die Komplexität der Projekte ist durch die Überschneidung von verschiedenen Gewerken, die früher in der Reihe abliefen und nicht parallel, stetig gestiegen. Daraus folgen ein erhöhter Koordinierungsaufwand und eine Fehleranfälligkeit. Die wiederum zu Störungen im Bauablauf führen und im schlimmsten Fall zur Demotivation der Baustellen-Führungskraft.

- die Dokumentationspflicht und der bürokratische Aufwand steigen stetig, was von den Baustellen-Führungskräften nur widerwillig umgesetzt wird.

- den gnadenlosen Wirtschaftsdruck, durch die Vereinseitigung bei der Auftragsvergabe. Unangefochten bestimmt der Preis, welches Unternehmen den Zuschlag erhält. Der „Fight geht um jeden Euro", und deshalb wird eine „vertrauensvolle Zusammenarbeit [...] immer schwieriger". Der Vertrauensverlust führt zu strengeren und genaueren Kontrollen im Hinblick auf Qualität, Kosten und

---

44   Die Zitate in den folgenden Textpassagen stammen aus den Interviews mit den Geschäftsführern.

Mengen sowie der zuverlässigen Ausführung. Außerdem ist ein Sicherheitsaspekt verloren gegangen, der Einzelne betrachtet nur noch sein Aufgabenpaket und nicht mehr das große Ganze. Er pflegt damit einen gewissen Egoismus, um dem gnadenlosen Wirtschaftsdruck standzuhalten. Des Weiteren entstehen zahlreiche Konflikte mit dem Bauherrn, der höchste Qualitätsanforderungen stellt, welche mit den zur Verfügung stehenden Mitteln nicht erfüllt werden können.

Die gefragten Geschäftsführer brachten aber auch noch neue Aspekte auf:

- Die Baustellen-Führungskräfte befinden sich mittlerweile in einer Sandwichposition mit einer Asymmetrie. Auf einen Bauleiter treffen derweil 7-8 Bauherrenvertreter. Das Ungleichgewicht wird dadurch verstärkt, dass den Bauherrnvertretern häufig bautechnische Kompetenzen fehlen und insbesondere im Bereich der öffentlichen Hand auch noch die Entscheidungsbefugnis.

- Baustellen-Führungskräfte sind es gewohnt, flexibel zu reagieren und gegebenenfalls auch ad-hoc-Entscheidungen treffen zu können sowie die Verantwortung dafür zu übernehmen. Einschränkungen durch die mangelnde Entscheidungsbefugnis oder Entscheidungsfreudigkeit führen zur Frustration bei den Baustellen-Führungskräften.

- Baustellen-Führungskräfte sind kleine Unternehmer. „Das Bild ist in vielen Hinsichten richtig, aber in einer entscheidenden nicht: Unternehmer verfolgen das strategische Ziel des wirtschaftlichen Erfolges, Bauleiter verfolgen das strategische Ziel des Bauwerks".[45]

3.3 Ergebnisse der Prozessaufnahme auf der Baustelle

3.3.1 Basis der Ergebnisse

Die Prozessaufnahme erfolgte im Rahmen der Diplomarbeit[46] von Herrn Dominik Bamberger, welche er am Lehr- und Forschungsgebiet Baubetrieb und Bauwirtschaft der Bergischen Universität Wuppertal mit der Autorin als Betreuerin anfertigte. Die Prozessaufnahme erfolgte auf einer Baustelle zur Errichtung eines schlüsselfertigen Bürogebäudes mit mehr als 10.000 m² Mietfläche in Stuttgart. Der Firmenbauleiter ist Mitarbeiter eines „tradi-

---

45 DAMMER, INGO: Vortrag im Rahmen der 2. Beiratssitzung zum Projekt EBBFü, Düsseldorf, 22.10.2012
46 Vgl.: BAMBERGER, DOMINIK: Analyse der Aufgabenfelder und Belastungssituationen in der Firmenbauleitung. Wuppertal, Bergische Universität Wuppertal, Fachbereich D, Diplomarbeit, 2013

tionsbewussten, mittelständischen Familienunternehmens"[47], das an 26 Standorten in Deutschland in drei verschiedenen Geschäftsfeldern (Bauleistungen, Baustoffe/Rohstoffe, Dienstleistungen)[48] tätig ist.

Ziel der Diplomarbeit war es, die Aufgabenfelder und Belastungssituationen der Baustellen-Führungskraft darzustellen und zu analysieren. Als Basis erfolgte eine Daten-Aufnahme in drei aufeinanderfolgenden Wochen, wobei die erste Woche als Testphase diente und nicht in die Auswertung eingeflossen ist. Die Datenaufnahme erfolgte mithilfe des „Bauleiter Monitoring[49], einem Tool, welches inhaltlich von der Autorin und Herrn Bamberger erarbeitet wurde und von ihm als Applikation (App) für die Apple Benutzeroberfläche iOS7 programmiert wurde.

Im Folgenden werden die Ergebnisse nur auszugsweise vorgestellt, die gesamte Diplomarbeit kann im Lehr- und Forschungsgebiet Baubetrieb und Bauwirtschaft eingesehen werden.

3.3.2 Prozessaufnahme versus EBBFü

3.3.2.1   Arbeitszeit

Innerhalb des Beobachtungszeitraumes von 10 Arbeitstagen war der Bauleiter an 105:22 Stunden auf der Baustelle tätig, davon entfielen auf die erste Woche 51:56 Stunden und auf die zweite Woche 53:26 Stunden. Die hierin enthaltene Gesamtpausenzeit ergibt sich zu 5:41 Stunden.[50]

Diese Gesamtpausenzeit addiert sich aus insgesamt 66 Pausen auf, wobei die kürzeste 25 Sekunden und die längste 27:08 Minuten andauerte. Im Durchschnitt betrug die Pausendauer pro Tag 34 Minuten.[51]

---

47   Entnommen dem Kurzporträt der Firmen-Internetseite (Stand 03.04.2014)
48   Vgl.: BAMBERGER, DOMINIK: Analyse der Aufgabenfelder und Belastungssituationen in der Firmenbauleitung. Wuppertal, Bergische Universität Wuppertal, Fachbereich D, Diplomarbeit, 2013, S. 14
49   Abrufbar unter: https://itunes.apple.com/de/app/bauleiter-monitoring/id797547739?mt=8
50   Vgl.: BAMBERGER, DOMINIK: Analyse der Aufgabenfelder und Belastungssituationen in der Firmenbauleitung. Wuppertal, Bergische Universität Wuppertal, Fachbereich D, Diplomarbeit, 2013, S. 51
51   Vgl.: ebd., S. 52

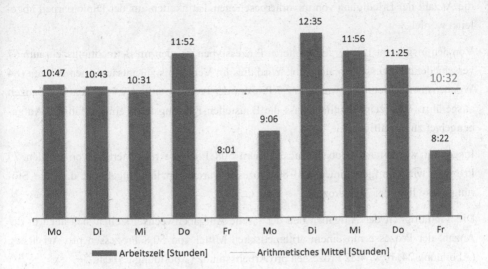

Abbildung 23: Arbeitszeit pro Arbeitstag[52]

Bei der Betrachtung der Pausenzeiten zeigt sich, dass nur fünf Pausen länger als 10 Minuten andauerten und nur drei der 66 Pausen länger als 15 Minuten. Damit können die in der Arbeitszeit enthaltenen Pausen von 5:41 Stunden nicht zur Regeneration und Erholung gedient haben, nach § 4 des Arbeitszeitgesetzes (ArbZG) beträgt die Länge einer Ruhepause mindestens 15 Minuten.[53]

Die Ergebnisse zur Arbeitszeit und den kaum vorhandenen Pausen deckt sich mit den Werten aus den qualitativen und quantitativen Befragungen des Projekts EBBFü.

3.3.2.2 Aufgabenwechsel

Aus dem Projekt EBBFü wurden sowohl aus den Gesprächen mit den Baustellen-Führungskräften als auch aus der ergänzenden Befragung ein rascher Aufgabenwechsel und eine Vielfalt von Aufgaben identifiziert, welche als Stressor wahrgenommen werden. Der Aufgabenwechsel kann zum einen aus der Anzahl der verschiedenen Aufgabengebiete, aber auch durch die Anzahl der Unterbrechungen im Prozess der Aufgabenerledigung und durch

---

52 Vgl.: BAMBERGER, DOMINIK: Analyse der Aufgabenfelder und Belastungssituationen in der Firmenbauleitung. Wuppertal, Bergische Universität Wuppertal, Fachbereich D, Diplomarbeit, 2013, S. 52
53 Eigene Auswertung auf Basis der vorhandenen Daten der Prozessaufnahme von BAMBERGER

die Anzahl der Erledigung von unvorhergesehenen Tätigkeiten aus der Diplomarbeit abgeleitet werden.

Von den insgesamt 157 vorab definieren Prozesstypen wurden im Betrachtungszeitraum 67 verschiedene Prozesstypen ausgeübt. Wird dies im Verhältnis zur tatsächlichen Bauzeit (84 Wochen) betrachtet, dann wurden 42,7 Prozent der Prozesse in nur 2,4 Prozent der Bauzeit ausgeführt. Dies zeigt deutlich, dass die Baustellen-Führungskraft ein vielfältiges Aufgabengebiet zu bewältigen hat.[54]

Insgesamt wurden im Beobachtungszeitraum 508 Prozesse registriert, davon wurden 79 Prozesse wiederaufgenommen und 80 Prozesse waren gänzlich ungeplant, d. h. die Störungsquote liegt bei 31,3 Prozent.[55]

Die Vielfältigkeit der Aufgaben und der rasche Aufgabenwechsel stellen sich auch in der Anzahl der Prozesse mit einem arithmetischen Mittel von 50,8 Prozessen pro Arbeitstag (Abbildung 24) bzw. 4,82 Prozessen pro Arbeitsstunde (Abbildung 25) dar.[56]

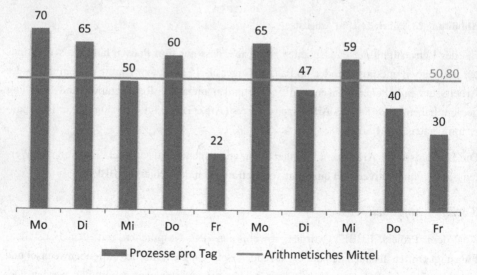

Abbildung 24: Anzahl der Arbeitsprozesse bezogen auf den Arbeitstag[57]

54   Vgl.: BAMBERGER, DOMINIK: Analyse der Aufgabenfelder und Belastungssituationen in der Firmenbauleitung. Wuppertal, Bergische Universität Wuppertal, Fachbereich D, Diplomarbeit, 2013, S. 45
55   Vgl.: ebd., S. 53
56   Vgl.: ebd., S. 58

Bei der Betrachtung dieser Zahlenwerte wird der rasche Aufgabenwechsel und die Aufgabenvielfalt sehr deutlich, damit werden auch hier die Aussagen der Baustellen-Führungskräfte aus den qualitativen und quantitativen Befragungen bestätigt.

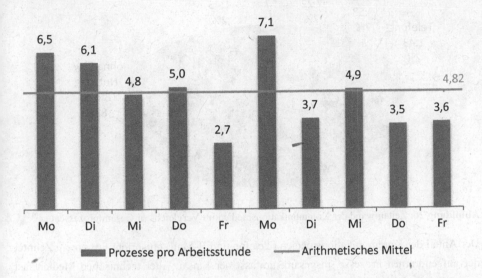

Abbildung 25: Anzahl der Arbeitsprozesse bezogen auf die Arbeitsstunde des jeweiligen Tages[58]

3.3.2.3 Kommunikation

Es gilt auch hier zu prüfen, ob die Ergebnisse der qualitativen und quantitativen Befragungen des Projekts EBBFü bestätigt werden können. Dort wurde vom „kommunikativen Overkill" gesprochen. Im Rahmen der Abschlussarbeit wurde aufgenommen, welche Kommunikationsmedien (Telefon, E-Mail, Intranet, Office-Anwendungen[59]) von der Baustellen-Führungskraft genutzt wurden.

Es wurde nicht differenziert die Anzahl der ein- und ausgehenden E-Mails und Anrufe erfasst. Im Folgenden wir der Zeitaufwand des Einsatzes der einzelnen EDV-Medien im Vergleich zur Gesamtprozessdauer[60] (Abbildung 26) dargestellt.

---

57 Vgl.: BAMBERGER, DOMINIK: Analyse der Aufgabenfelder und Belastungssituationen in der Firmenbauleitung. Wuppertal, Bergische Universität Wuppertal, Fachbereich D, Diplomarbeit, 2013, S. 57
58 Vgl.: ebd., S. 58
59 Sonstige Office-Anwendungen ohne Outlook
60 Die Gesamtprozessdauer ergibt sich abweichend zur Arbeitszeit (105:22:07 Stunden) zu 105:06:05 Stunden. Diese Abweichung kommt durch die sekundengenaue Erfassung der Arbeitszeit zustande, bei der Erfassung

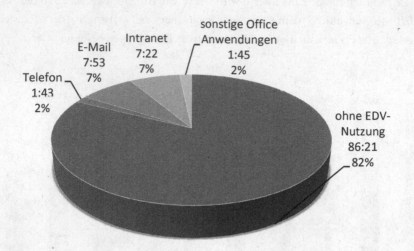

Abbildung 26: Zeitaufwand der Kommunikationsmedien im Vergleich zur Gesamtprozessdauer[61]

Der Anteil der Kommunikationsmedien (Telefon und E-Mail) entspricht fast einem Zehntel der aufgenommen Prozesse, insgesamt umfasst der Einsatz aller technischen Medien fast ein Fünftel der Arbeitszeit. Dies zeigt, wie sich die Tätigkeiten der Baustellen-Führungskräfte durch den Einsatz von neuen Kommunikations- und Informationstechniken verändert haben.

Die Anzahl der Kontakte (Abbildung 27) stellt mit durchschnittlich über 46 Kontakten pro Tag eine starke Größe dar. Die insgesamt 466 Kontakte in den zwei Beobachtungswochen sind zu 69 Prozent unternehmensinterne Kontakte, zu 20 Prozent Kontakte zu Nachunternehmern und nur zu 11 Prozent zum Bauherrn

Es ist davon auszugehen, dass sich diese Werte bei einer Baustellen-Führungskraft, die nicht für einen Generalunternehmer tätig ist, deutlich verschieben werden.

---

der Prozesse ergeben sich jedoch durch die händische Eingabe Verluste, die sich aus 508 Prozessen zu 16 Minuten aufsummieren. Dies ist eine Abweichung von 0,25 % bzw. 1,89 Sekunden und wurde daher als vernachlässigbar angesehen.

61   Eigene Auswertung auf Basis der vorhandenen Daten der Prozessaufnahme von BAMBERGER

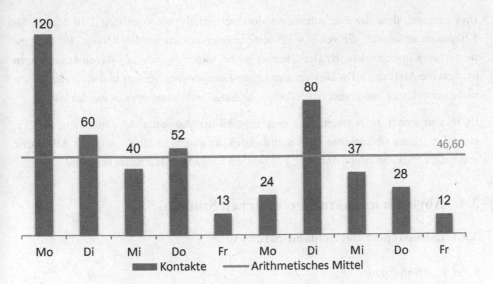

Abbildung 27: Anzahl der Kontakte pro Tag[62]

Die geführten Gespräche fanden mit insgesamt 212 Gesprächspartnern statt. Überwiegend bestand die Kommunikationsgruppe aus der Baustellen-Führungskraft und einer weiteren Person (48 %), gefolgt von Besprechungen mit 3-5 weiteren Personen (26 %). Das Gespräch mit nur zwei weiteren Personen (22 %) liegt damit auf dem dritten Rang. Nur 4 Prozent der Besprechungen fanden in einem größeren Rahmen von insgesamt 7 bis 9 Personen statt. [63]

3.3.3 delegierbare Prozesse

Von den insgesamt 175 definierten Prozessen haben sich 33 verschiedene Prozesse als delegierbare Prozesse herausgestellt, diese werden in Abbildung 28 dargestellt. Insgesamt wurden 68 Tätigkeiten als delegierbar erkannt, 24 wurden tatsächlich delegiert. Die 44 nicht delegierten Tätigkeiten nahmen im Betrachtungszeitraum (zehn Arbeitstage) eine Arbeitszeit von 11:46 Stunden in Anspruch.[64]

---

62   Eigene Darstellung auf Basis der vorhandenen Daten der Prozessaufnahme von BAMBERGER

63   Vgl.: BAMBERGER, DOMINIK: Analyse der Aufgabenfelder und Belastungssituationen in der Firmenbauleitung. Wuppertal, Bergische Universität Wuppertal, Fachbereich D, Diplomarbeit, 2013, S. 60

64   Vgl.: ebd., S. 62 f.

Dies bedeutet, dass der Firmenbauleiter durchschnittlich pro Arbeitstag 1:10 Stunde für Tätigkeiten aufwendet, die von einer Assistenz übernommen werden können. Bemerkenswert ist dies insbesondere, da Herr Bamberger bei seiner Auswertung davon ausgegangen ist, dass die Assistenz nicht über entsprechende Kompetenzen verfügt und so in der Hauptsache nur einfache und immer wiederkehrende Aufgaben[65] übernommen werden können.

Es ist also davon auszugehen, dass eine ausgebildete Assistenz der Bauleitung deutlich mehr Tätigkeiten übernehmen kann und dadurch die durchschnittliche tägliche Arbeitszeit von zurzeit 10:32 Stunden (Abbildung 23) auf ein tarifliches Maß zu senken wäre.

3.4 Abgleich mit aktuellen externen Studien

3.4.1 „Stressreport Deutschland 2012"

3.4.1.1 Hintergrund

Der Stressreport 2012 ist das Ergebnis einer Erwerbstätigenbefragung, der in der sechsten Welle seit 1979 durchgeführten Befragungsreihe des Bundesinstituts für berufliche Bildung (BIBB) und der Bundesanstalt für Arbeitsschutz und Arbeitsmedizin (bis 1998/1999 begleitet durch das Institut für Arbeitsmarkt- und Berufsforschung). Ziel der Befragung ist die Beschreibung der sich kontinuierlich verändernden Arbeitswelt. Dabei stehen Fragen zum Arbeitsplatz und zur Beanspruchung sowie gesundheitliche Beschwerden im Fokus.[66]

3.4.1.2 Datengrundlage

Zielgruppe der Befragung waren erwerbstätige Personen ab 15 Jahren mit einer bezahlten Tätigkeit von mindestens 10 Stunden pro Woche in Deutschland, die über ausreichende Deutschkenntnisse verfügten. Befragt wurden in den Monaten Oktober 2011 bis März 2012

---

65 Vgl.: BAMBERGER, DOMINIK: Analyse der Aufgabenfelder und Belastungssituationen in der Firmenbauleitung. Wuppertal, Bergische Universität Wuppertal, Fachbereich D, Diplomarbeit, 2013, S. 88
66 Vgl.: BUNDESANSTALT FÜR ARBEITSSCHUTZ UND ARBEITSMEDIZIN (HRSG.): Stressreport Deutschland 2012 – Psychische Anforderungen, Ressourcen und Befinden. Dortmund/Berlin/Dresden: 2012, S. 4

Delegierbare Prozesse		
Nummer	Aufgabenfeld - Prozesstyp	Anzahl
001-001	ABB - Angebotsauswertung & Kalkulation	2
001-005	ABB - Ausführungskalkulation	1
001-006	ABB - Ausschreibungsleistungen festlegen	1
001-025	ABB - Startgespräch vorbereiten	1
002-015	BVB - DGNB	1
002-016	BVB - Diebstahl/Vandalismus	1
002-021	BVB - Gewerkeschnittstellen festlegen	4
002-022	BVB - Leistungsverzeichnis	2
002-025	BVB - Planfrei- & -übergabe	1
002-028	BVB - Startgespräch	2
002-029	BVB - Termin-/Fortschrittskontrolle	1
002-032	BVB - Versorgung Energie & Wasser	2
003-002	BAU - Arbeitssicherheit & Umweltschutz	1
003-006	BAU - Baustellenakte	2
003-007	BAU - Baustellenbegehung & -überwachung	1
003-011	BAU - Beweissicherung & Dokumentation	2
003-014	BAU - Gewerkedetailplanung	2
003-015	BAU - Korrekturmaßnahmen Planabweichungen	1
003-018	BAU - Materialanlieferung	1
003-032	BAU - Vorschrifteneinhaltung	2
003-033	BAU - Zulassungsunterlagen Baustoffe & Gewerke	3
004-007	BAB - Baustellenakte & Bauakte zusammenführen	1
004-014	BAB - Mängelbearbeitung	3
004-021	BAB - Sicherung der Bauqualität	1
005-001	SON - Ablage	9
005-002	SON - Anmeldung zur Schulung von Mitarbeiten	1
005-013	SON - Gegenzeichnung von Stundenzetteln	1
005-018	SON - Öffentlichkeitsarbeit	1
005-019	SON - Organisation	4
005-024	SON - Schriftverkehr	1
005-029	SON - Vorbereitung Audit	3
005-031	SON - Zulassungsunterlagen	7
005-033	SON - Unterprozess 2[67]	2
Gesamtsumme		68

Abbildung 28: Delegierbare Prozesse auf die Assistenz der Bauleitung[68]

---

67   Inbetriebnahme des neuen Telefons
68   Eigene Darstellung auf Basis der vorhandenen Daten zur Prozessaufnahme von BAMBERGER

insgesamt 20.036 Erwerbstätige mittels einer telefonischen, computerunterstützten Befragung (CATI)[69] durch TNS Infratest Sozialforschung. In die Analyse einbezogen wurden 17.562 abhängig Beschäftigte der Stichprobe.[70]

3.4.1.3   Stressreport 2012 versus EBBFü

„Es geben 58 % der Befragten an, dass ihre Tätigkeit häufig die gleichzeitige Betreuung verschiedenartiger Aufgaben verlangt. Damit steht Multitasking auf Platz 1 der häufigen Arbeitsanforderungen, gefolgt von starkem Termin- und Leistungsdruck (52 %), ständig wiederkehrenden Arbeitsvorgängen (50 %) und Störungen und Unterbrechungen bei der Arbeit (44 %). Insgesamt erreicht der Anteil der von diesen Stressfaktoren betroffenen Beschäftigten damit das relativ hohe Niveau der 2000er Jahre.

Als belastend am Arbeitsplatz nehmen die Erwerbstätigen vor allem das häufige Auftreten von starkem Termin- und Leistungsdruck (34 %), Arbeitsunterbrechungen und Störungen (26 %), Multitasking (17 %) und Monotonie (9 %) wahr. Im europäischen Vergleich zeigt sich, dass – in Relation zum EU-27-Durchschnitt (EWCS, 2010) – deutsche Beschäftigte mehr Termindruck und hohes Arbeitstempo angeben, aber seltener von Arbeitsunterbrechungen sowie eintönigen Aufgaben berichten."[71]

Im Vergleich zu der ergänzenden Online-Befragung (Kapitel 3.1.2) steht bei den Anforderungen „Koordinierung vielfältiger und zahlreicher Aufgaben" ebenfalls auf Platz 1. Der zweite Platz „starker Termin- und Leistungsdruck" wird von den Baustellen-Führungskräften auf Rang vier gesehen („Arbeiten unter Zeitdruck"). Platz 3 findet sich in der ergänzenden Online-Befragung so nicht wieder. Dafür findet sich Platz 4 („bei der Arbeit gestört, unterbrochen") auf Platz 8 der ergänzenden Online-Befragung mit der Aussage „Unterbrechung der Arbeitstätigkeit durch z. B. Anrufe, Anfragen etc." wieder. Drei der vier am häufigsten genannten Anforderungen finden sich also auf den Plätzen 1-8 der ergänzenden Online-Befragung.

Bei den Stressoren stellt sich die Situation ein wenig anders da. Während sich die Rangfolge der Anforderungen zu den Stressoren im Stressreport 2013 nur verschoben haben und weiterhin die vier am häufigsten genannten Anforderungen, auch den vier am häufigsten

---

69   Abkürzung aus dem englischen für: Computer Assisted Telephone Interview
70   Vgl.: BUNDESANSTALT FÜR ARBEITSSCHUTZ UND ARBEITSMEDIZIN (HRSG.):, Stressreport Deutschland 2012. Die wichtigsten Ergebnisse. Dortmund: 2012, S. 7
71   Ebd., S. 1f.

genannten Stressoren entsprechen, kommt die von der Autorin durchgeführte Befragung zu einem völlig anderen Ergebnis (Kapitel 3.1.2.3).

3.4.2 „Bauleitung im Wandel"

3.4.2.1 Hintergrund

Der Forschungsbericht „Bauleitung im Wandel" stellt die Ergebnisse der gleichnamigen Forschung vor. Diese wurde von Februar 2012 bis Januar 2014 vom BAQ Forschungsinstitut durchgeführt und von der Hans-Böckler-Stiftung gefördert. Mithilfe einer empirischen Untersuchung sollten Strategien, Bedingungen, Formen und Folgen von Reorganisation, Modernisierung und Innovation der Arbeit in der Bauleitung herausgefunden werden. [72]

3.4.2.2 Datengrundlage

Die Untersuchung der Arbeit der Bauleitung wurde mit qualitativen Methoden durchgeführt. Insgesamt wurden 14 Fälle nach dem Prinzip des dreifachen Fallbezuges (Betrieb, Baustelle, Bauleitung) entsprechend der Kontextfaktoren, denen ein Einfluss auf die Arbeit der Bauleitung zugeschrieben wurde (Art, Schwierigkeitsgrad, Größe des Projektes, Unternehmenstyp, Geschäftsfeld) identifiziert, auf denen die Arbeit der Bauleitung untersucht werden sollte. [73]

„Im Einzelnen waren dies große, technisch aufwendige Ingenieurtiefbauwerke, verschiedene Wohnungsbauvorhaben in Einzelvergabe oder als schlüsselfertiger Bau sowie Projekte des Neubaus und der Sanierung von Verkehrswegen, verbunden mit Arbeiten des Tiefbaus. Von den bedeutenden Geschäftsfeldern des Bauwesens fehlten lediglich auf der einen Seite der Ingenieurhochbau und auf der anderen das Bauen im Wohnungsbestand." Die Befragungen wurden als Leitfadeninterviews durchgeführt, und zur Erfassung der Arbeitsteilung zwischen Bauleitung und Polier wurde zusätzlich ein Analyseraster, mit einer Auflistung von typischen Bauleitungsaufgaben, eingesetzt. „In der Befragung selbst wurden in jedem Fall der Projektleiter oder der Bauleiter sowie der Polier einbezogen. In den Fällen, in denen es eine ausdifferenzierte Projektorganisation gab, wurden je nach Sachlage zusätzlich

---

72 Vgl.: SYBEN, GERHARD: Bauleitung im Wandel. Arbeit als Bewältigung von Kontingenz. Berlin: Edition Sigma, 2014
73 Vgl.: HANS-BÖCKLER-STIFTUNG – URL: http://www.boeckler.de/11145.htm?projekt=S-2011-508-1 B (04.07.2014)

vorhandene Abschnitts- oder Fachbauleiter, Arbeitsvorbereiter und Kalkulatoren befragt; die Zahl der Gespräche je Bauvorhaben lag zwischen zwei und sechs." Die Interviews wurden in Bezug auf die Untersuchungsfrage in verständlichem Text niedergeschrieben und abschließend zu einem Fallbeispiel pro Baustelle zusammengefasst und sind Teil des Forschungsberichts. Veröffentlicht wurden jedoch nur 13 Fallbeispiele, da einer aufgrund der Baustellenart nicht anonymisiert werden konnte.[74]

3.4.2.3 Bauleitung im Wandel versus EBBFü

Die Arbeit der Bauleitung befindet sich in einem ständigen Wandel, der dadurch geprägt ist, dass die Anforderungen der Kunden an die Qualität der Bauwerke stetig zunimmt, gleichzeitig aber eine Verkürzung der Bauzeit und eine Reduzierung des Preises von den Kunden erwartet wird. Damit die Bauunternehmen dem Wettbewerb standhalten können, müssen sie ständig neue Möglichkeiten entwickeln, um die Leistungsfähigkeit und Produktivität zu erhöhen. Tatsächlich fällt diese Aufgabe der Bauleitung zu. Dabei muss der Bauleiter sich, wie bisher auch schon, auf die immer neuen Bedingungen des jeweiligen Bauvorhabens und der Baustelle einstellen, hinzu kommt die schnelle Weiterentwicklung der Bautechnik sowie der Informations- und Kommunikationstechniken, aber auch die veränderten Verhaltensformen von Lieferanten und Auftraggebern.[75]

Im Forschungsvorhaben Bauleitung im Wandel wurden folgende Veränderungen[76] festgestellt:

- Die Anforderungen der Kunden an die Qualität der Bauwerke nehmen zu, zugleich wird eine Verkürzung der Bauzeiten und eine Reduzierung der Preise erwartet.

- Ein verändertes Verhalten der Auftraggeber (zunehmende Formalisierung, nachlassende Qualität ihrer Vorplanung, Entscheidungsstrukturen).

- „dass Bauleiter, auch wenn sie auf der Baustelle anwesend sind, dort zunehmend mehr Zeit mit administrativen Aufgaben verbringen müssen […]; dies geht deutlich über die bisherigen Anforderungen der Dokumentation des Baugeschehens […] sowie der Arbeitszeitnachweise für die Arbeiter hinaus".[77]

---

74 Vgl.: SYBEN, GERHARD: Bauleitung im Wandel. Arbeit als Bewältigung von Kontingenz. Berlin: Edition Sigma, 2014, S. 21 ff.
75 Vgl.: ebd., S. 75 ff.
76 Vgl.: ebd., S. 77 ff.
77 Ebd., S 77 ff.

- Das gesprochene Wort gilt nicht mehr; Vereinbarungen z. B. über eine plausible und ingenieurtechnisch selbstverständliche Abweichung ad-hoc auf der Baustelle per Handschlag zu treffen, scheint einer Handlungsweise gewichen, bei der Auftraggeber nur noch nach Rückversicherung bei ihrem Vorgesetzten und nach schriftlicher Fixierung der Vereinbarung entscheiden.

- Trennung der Aufgabenwahrnehmung von Kalkulation und Bauleitung zur Steigerung des Innovationsprozesses auf der Baustelle. Die Angebotskalkulation ist mittlerweile nicht nur eine sachliche Größe, sondern auch eine politische Größe, mit der das Unternehmen in den Wettbewerb einsteigt. Die Bauleitung ist nur noch beratend tätig, der Kalkulator für die Angebotskalkulation zuständig. Die Bauleitung muss auch noch nach Auftragserteilung versuchen, weitere Produktivitätsgewinne zu erzielen und so permanent innovative Ideen entwickeln.

- Die Weiterentwicklung der elektronischen Informations- und Kommunikationstechnologien haben die Veränderungen in der Aufgabenwahrnehmung der Bauleitung stark geprägt. Angefangen von der elektronischen Übermittlung der Ausschreibungsunterlagen, über die Planung, Vorbereitung und Abwicklung von Bauprojekten sowie zur Abrechnung dieser kommen diese neuen Informationstechnologien zum Einsatz. „Die zurzeit wahrnehmbarsten Veränderungen der Arbeit der Bauleitung geht jedoch auf die Entwicklung der Kommunikationstechnologien zurück. Bauleitung besteht zu wesentlichen Teilen aus Kommunikationsarbeit, die Kommunikation mit anderen Baubeteiligten aber war der Bauleitung traditionell dadurch erschwert, dass Kommunikation an Ort und Zeit gebunden war, Bauen aber auf ausgedehnten, entfernten und noch nicht erschlossenen Baufeldern stattfand. Waren die Mitglieder der Bauleitung auf der Baustelle, waren sie nicht erreichbar und konnten auch selbst niemanden erreichen."[78] Die Bindung an Ort und Zeit wurde aufgehoben, und „die Einfachheit der Anwendung begünstigt das Entstehen einer Kommunikationsflut, die Schnelligkeit der Übermittlung dringend auf eine ebenso rasche Antwort und die inhärente Dokumentation sowie die Möglichkeit, eine E-Mail gleichzeitig ohne Zusatzaufwand an mehrere Adressaten zu verschicken führt zum Versand von Nachrichten, die weniger der Information des Adressaten als vielmehr der Absicherung des Absenders dienen."[79]

---

78 SYBEN, GERHARD: Bauleitung im Wandel. Arbeit als Bewältigung von Kontingenz. Berlin: Edition Sigma, 2014, S. 86
79 Ebd., S. 87

- Beschleunigung der Arbeitsvorgänge durch den Fortschritt der Technologien im Baugeräteeinsatz.

- Das Verhalten der Lieferanten hat sich dahingehend geändert, dass sie sich am just-in-time-Prinzip orientieren und nicht mehr jedes Produkt zu jeder Zeit in beliebiger Anzahl vorrätig halten. Hierdurch erhöht sich der Planungsaufwand für die Baustellen- Führungskräfte sehr stark.

Die von Syben vorgestellten Veränderungen bestätigen die qualitativen und quantitativen Ergebnisse des Projekts EBBFü, insbesondere die zum kommunikativen Overkill.

3.5   Zusammenfassung

Die Herausforderungen der Arbeitswelt für die Baustellen-Führungskraft bestehen in

- einer *Informatisierung*, d. h. der Kommunikations- und Informationsaustausch ist nicht mehr von Ort und Zeit abhängig; moderne Kommunikations- und Informationstechniken bieten eine flexible, zeitlich uneingeschränkte sowie ortsunabhängige Informationssättigung mit einer größeren Anzahl an Kontaktmöglichkeiten. Die Folge ist eine Entgrenzung, die sowohl den Vor- als auch den Nachteil der Flexibilität bietet, und die Einfachheit des Informationsaustauschs steigert die Anzahl der Kontakte.

- einer schnellen *Technologisierung*, d. h. die Weiterentwicklungen der technischen Geräte, Baumaschinen und Bautechniken erfolgt so rasch, dass ein großer Aufwand betrieben werden muss, um auf dem aktuellsten Stand zu agieren.

- einer *Akzeleration*, d. h. die fortlaufende Beschleunigung der Arbeitsprozesse, der Kommunikationswege und der Produktionsprozesse. Die Folge ist eine steigende Komplexität der Arbeitsaufgabe bei bereits vorhandenem Kosten- und Zeitdruck.

- einer *Verrechtlichung*, d. h. dass juristische Auseinandersetzungen bzw. deren Androhung infolge des Bauprozesses stetig zunehmen. „Das gesprochene Wort" bzw. „der Handschlag" sind nicht mehr verbindlich, es gilt die Devise „wer schreibt, der bleibt". Die Folge ist eine starke Zunahme der Dokumentation im Bauprozess, eine juristische Aufbereitung im Fall eines Prozesses sowie die Notwendigkeit eines fundierten juristischen Wissens auf Seiten der Bauleitungsebene.

- einer *Ökonomisierung*, d. h. dass durch den starken Kostendruck das wirtschaftliche Ergebnis eines jeden Bauprojektes die wirtschaftliche Situation des Unternehmens gefährden kann. Die Folge ist ein detailliertes, aufwändiges Kostencontrolling und ein Innovationsreichtum im Arbeitsprozess zur Pufferung der geringen Kalkulationsansätze.

Der Wandel der Arbeitswelten hat aus dem früheren Baumeister, der nur für die technisch-konstruktive Umsetzung des Bauwerkes zuständig war, eine interdisziplinär handelnde Bauleitung geformt, die neben den typischen ingenieurtechnischen Fähigkeiten interdisziplinär auf den Gebieten Recht, Wirtschaft, Unternehmensführung sowie Mitarbeiterführung agieren muss.

Mit diesem Wandel wurde keine koordinierte und organisierte Aufgabenverteilung vorgenommen, sondern dem früheren Baumeister alle zusätzlichen Aufgaben zugeordnet.

4 Modell zur Verbesserung der Lebensarbeitsgestaltung – Verbesserungspotenziale

Dieses und die beiden folgenden Kapitel stellen den Hauptteil dieser Arbeit dar. In Kapitel 4 werden sechs der neun Bausteine des Modells zur Verbesserung der Lebensarbeitsgestaltung von Baustellen-Führungskräften vorgestellt. Einige Bausteine davon wurden im Rahmen des Projektes EBBFü als Pentagon der Bauleitung teilweise umgesetzt und zum Zweck der Erprobung den Praxispartnern zur Verfügung gestellt.

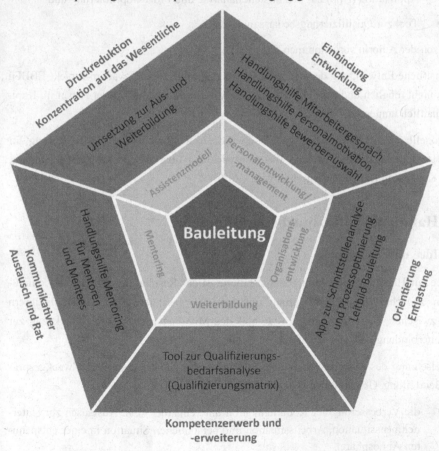

Abbildung 29: Pentagon der Bauleitung

Die Handlungshilfe Bewerberauswahl, das Leitbild Bauleitung und die Handlungshilfe für Mentoren und Mentees wurden vom Projektpartner conpara entwickelt und werden daher im Folgenden nicht mehr aufgegriffen.

Die Ideenfindung zu den einzelnen Bausteinen des Pentagons der Bauleitung fand in der Projektgruppe statt, die Entwicklung der Inhalte der Bausteine

- Handlungshilfe Mitarbeitergespräch

- Handlungshilfe Personalmotivation

- Applikation (App) zur Schnittstellenanalyse und Prozessoptimierung und

- Tool zur Qualifizierungsbedarfsanalyse

wurde von der Autorin vorgenommen.

Die inhaltliche Entwicklung der Pentagon-Ecke „Assistenzmodell" war im Projekt EBBFü zeitlich nicht möglich und wurde daher von der Autorin im Rahmen dieser Arbeit im Kapitel 5 inhaltlich umgesetzt.

Der Modellbaustein „Informationssystem über deutsche Regelwerke mit Bedeutung für Baustellen-Führungskräfte" ist eine Weiterentwicklung über das Projekt EBBFü hinaus, dessen Konzept in Kapitel 6 dargestellt wird.

4.1   Handlungshilfe Mitarbeitergespräche

4.1.1 Idee und Zielsetzung

Die Idee zur Handlungshilfe Mitarbeitergespräche ist das Resultat der schlechten Kommunikation zwischen Baustellen-Führungskraft und Vorgesetzten bzw. Geschäftsführern „meist zwischen Tür und Angel"[80] bzw. soll das Mitarbeitergespräch als Werkzeug zur Mitarbeiterbindung verstanden werden.

Die Zielsetzung des Mitarbeitergesprächs ist, anders als bei den typischen Zweckgesprächen (Beurteilung, Gehaltsverhandlungen etc.),

- die Verbesserung der Kommunikation untereinander, d. h. Austausch zur Unternehmenssituation, Arbeitssituation und persönlichen Situation in einer entspannten Atmosphäre,

---

80   Zitat einer Baustellen-Führungskraft im Interview

- die Stärkung der Mitarbeiterbindung durch das persönliche Gespräch,

- ein sensibles Frühwarnsystem zur Stimmungslage im Unternehmen sowie

- die Steigerung der Motivation der Mitarbeiter.

4.1.2 Inhaltliche Umsetzung

Die Handlungshilfe umfasst sieben Kapitel auf insgesamt 25 Seiten und wird daher im Folgenden nur kurz inhaltlich vorgestellt:

1. Kapitel: Was ist ein Mitarbeitergespräch?

> Der Unterschied zwischen einem Zweckgespräch und dem nach der Handlungshilfe zu führenden Mitarbeitergespräch wird kurz dargestellt.

2. Kapitel: Motivation für Ihr Unternehmen

> Die Vorteile für das Unternehmen und die Sinnhaftigkeit werden auf einer Seite kurz beschrieben.

3. Kapitel: Zielsetzung der Handlungshilfe

> Der Inhalt der Handlungshilfe und die Zielgruppe werden aufgezeigt.

4. Kapitel: Wie führe ich ein Mitarbeitergespräch?

> Aufgestellt wurden acht Regeln für ein erfolgreiches Mitarbeitergespräch. Des Weiteren wird eine Checkliste für den Vorgesetzten und den Mitarbeiter zur organisatorischen und inhaltlichen Vorbereitung auf das Gespräch sowie ein musterhafter Gesprächsleitfaden zur Verfügung gestellt.

5. Kapitel: Basis der Kommunikation

> Die Theorie der Kommunikation auf Basis der Kommunikationsforscher Paul Watzlawick und Professor Friedemann Schulz von Thun wird kurz zusammengefasst, so sollen Kommunikationsprobleme definiert und ein Nachdenken über Kommunikation angeregt werden.

6. Kapitel: rechtliche Grundlagen

> Kurzer Hinweis auf die rechtlichen Grundlagen im Rahmen des Betriebsverfassungsgesetzes.

7. Kapitel: weiterführende Informationen

> Anregungen, falls die Handlungshilfe auf mehr Informationen neugierig gemacht hat.

Die Handlungshilfe „Mitarbeitergespräch" befand sich im Anhang F[81].

4.2 Handlungshilfe Personalmotivation

4.2.1 Idee und Zielsetzung

Die Handlungshilfe „Personalmotivation" wurde umbenannt in „Gute Baustellen-Führungskräfte fördern, binden und gewinnen", und hat genau die im Titel vorhandenen Aussagen zum Ziel. Denn laut dem Deutschen Industrie- und Handelskammertag suchen 32 Prozent der Unternehmen der Bauwirtschaft aufgrund von Fluktuation neue Fachkräfte und aufgrund von altersbedingtem Ausscheiden sogar zu 65 Prozent neues Personal, damit liegt die Bauwirtschaft im deutschen Branchenvergleich auf Platz eins.[82]

4.2.2 Inhaltliche Umsetzung

Die Handlungshilfe umfasst 4 Kapitel auf insgesamt 33 Seiten und wird daher im Folgenden nur kurz inhaltlich vorgestellt:

1. Kapitel: Motivation für die Unternehmen

> Die Vorteile für das Unternehmen und die Sinnhaftigkeit werden auf knapp zwei Seiten beschrieben.

2. Kapitel: Zielsetzungen der Handlungsanweisung

> Der Inhalt der Handlungshilfe und die Zielgruppe werden auch hier aufgezeigt.

3. Kapitel: theoretische Basis der Motivation

---

81   Die Unterlagen sind über den folgenden Link abzurufen: http://www.baubetrieb.uni-wuppertal .de/ forschung/projekte/ebbfue.html

82   Vgl.: DEUTSCHER INDUSTRIE- UND HANDELSKAMMERTAG E. V. (HRSG.): Fachkräfte – auch bei schwächerer Wirtschaftslage gesucht. DIHK-Arbeitsmarktreport. Berlin: DIHK, 2013, S. 2, 19 ,21,

Es soll ein grundsätzliches Verständnis zum Themenkomplex Motivation geschaffen werden. Beantwortet werden die Fragen: Was ist Motivation? Wie kann ich es schaffen, dass meine Mitarbeiter sich selbst motivieren? Welche Bedürfnisse gibt es?

4. Kapitel: mögliche Motivationsanreize

Welche Anreize gibt es? Genau mit dieser Frage beschäftigt sich dieses Kapitel in fünf Themenschwerpunkten:

- Arbeitsgestaltung

- Gesundheitsmanagement

- Unternehmenskultur

- Work-Life-Balance

- Vergütungssystem

Die Handlungshilfe „Gute Baustellen-Führungskräfte fördern, binden und gewinnen" befand sich im Anhang G[83].

4.3   App zur Schnittstellenanalyse und Prozessoptimierung

4.3.1 Idee und Zielsetzung

Zu den zehn am häufigsten genannten Stressoren (vgl. Kapitel 3.1.2.3) der Baustellen-Führungskräfte zählen:

- großes Arbeitspensum

- arbeiten unter Zeitdruck

- unvorhergesehene Ereignisse, Störungen des Bauablaufs

- lange Arbeitstage

- zu wenig Zeit für sportliche Aktivitäten/Familie/Hobbies

---

83   Die Unterlagen sind über den folgenden Link abzurufen: http://www.baubetrieb.uni-wuppertal .de/ forschung/projekte/ebbfue.html

Bei der Vielfalt der Aufgaben und dem raschen Aufgabenwechsel fragt sich so mancher am Ende des Tages „Was habe ich eigentlich geschafft?"

Das Tool sollte eine eigenständige Selbstaufnahme aller Tätigkeiten der Baustellen-Führungskraft im Tagesverlauf ermöglichen, daraus ergibt sich die Notwendigkeit eines EDV-basierten Tools, welches über ein Touchpad bedient werden kann und die Prozesse sekundengenau erfasst. Des Weiteren sollte die Möglichkeit bestehen, weitere Aspekte mit aufzuzeichnen, damit eine individuelle Prozess- und Schnittstellenanalyse möglich ist.

4.3.2 Inhaltliche Umsetzung

Das EDV-basierte Tool wurde von einem Studenten, zur Realisierung seiner Diplomarbeit, für die Apple-Benutzeroberfläche iOS7 programmiert. Die unterschiedlichen Funktionen und Inhalte wurden von der Autorin miterarbeitet (vgl. Kapitel 3.3).

Die gesamte inhaltliche Umsetzung der Applikation zur Schnittstellenanalyse und Pro-zessoptimierung besteht zum einen aus einer Handlungshilfe zur Nutzung der Applikation und der Applikation selbst, der so genannten App „Bauleiter Monitoring". Die App wurde durch Herrn Bamberger im iTunes Store[84] zur Verfügung gestellt. Die Handlungshilfe wur-de von der Autorin erstellt, sie umfasst drei Kapitel (Motivation für Baustellen-Führungskräfte, Beschreibung der Applikation, Bedienungsanleitung) und insgesamt 13 Seiten.

Die Handlungshilfe „Applikation zwischen Stellenanalyse und Prozessoptimierung" befand sich im Anhang H[85].

Die Applikation wurde während der Prozessaufnahmen auf der Baustelle, zum einen vom Programmierer Dominik Bamberger im Rahmen seiner Diplomarbeit „Analyse der Aufga-benfelder und Belastungssituationen in der Firmenbauleitung" (siehe Kapitel 3.3) und zum anderen von der Studentin Jennifer Bauer[86] im Rahmen ihrer Bachelor-Thesis „Analyse der Aufgabenfelder und Belastungssituationen in der Projekt-Bauleitung" erprobt und infolge der Ergebnisse weiterentwickelt.

---

84   APPLE INC. – URL: https://itunes.apple.com/de/app/bauleiter-monitoring/id797547739?mt=8
85   Die Unterlagen sind über den folgenden Link abzurufen: http://www.baubetrieb.uni-wuppertal .de/ forschung/projekte/ebbfue.html
86   Frau Bauer schrieb ihre Bachelor-Thesis ebenfalls am Lehr- und Forschungsgebiet Baubetrieb und Bauwirt-schaft mit der Autorin als Betreuerin.

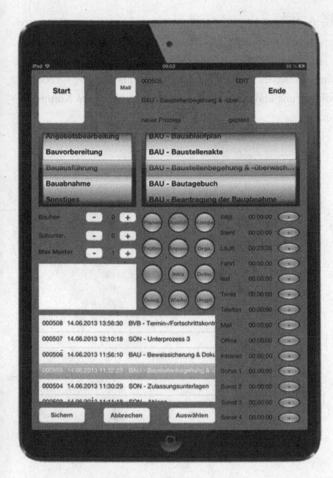

Abbildung 30: iPad-Oberfläche der Applikation

4.4   Tool zur Qualifizierungsbedarfsanalyse

4.4.1 Idee und Zielsetzung

Als Folgen der Technologisierung, Informatisierung und Verrechtlichung ist eine ständige Weiterbildung der Mitarbeiter zur Aktualisierung, Erweiterung und Vertiefung ihrer Qualifikationen notwendig. Gerade in Märkten mit hohem Konkurrenzdruck, wie der Bauwirtschaft, sind die Unterschiede in der Marktpositionierung insbesondere mit den Kompetenzen der Baustellen-Führungskräfte verknüpft.

Qualifizierungskonzepte existieren hauptsächlich in großen Bauunternehmen in Form von standardisierten Qualifizierungsplänen. Kleinere Unternehmen qualifizieren eher bei spontan erkennbarem Bedarf bzw. auf Wunsch des Mitarbeiters. Eine individuelle Ermittlung des notwendigen Qualifizierungspotenzials (siehe Abbildung 31) als Eingangsgröße für eine sinnvolle praxisnahe Qualifizierung und ein Abgleich mit der vorhandenen Kompetenzen des Mitarbeiters findet kaum statt.

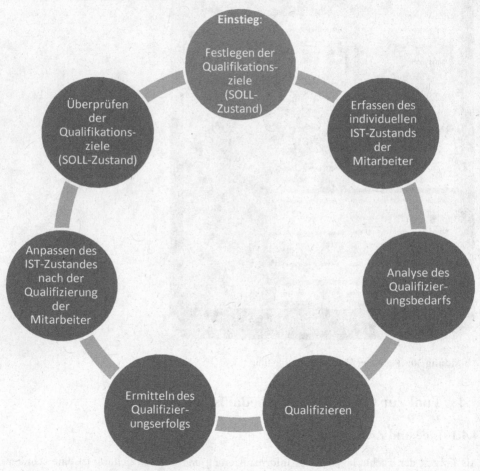

Abbildung 31: Optimaler Qualifizierungsprozess

Das Tool zur Qualifizierungsbedarfsanalyse, die Qualifizierungsmatrix, soll auch kleinen Unternehmen die Möglichkeit eröffnen, auf einfachem Wege den Qualifizierungsbedarf der

Mitarbeiter zu ermitteln und so ihre Marktposition zu sichern. Die Qualifizierungsmatrix wurde daher als Excel Datei erstellt, sie soll den Qualifizierungsprozess leiten und unterstützen.

4.4.2 Inhaltliche Umsetzung

Die Qualifizierungsmatrix ist eine Excel-Datei, die insgesamt aus vier Tabellenblättern besteht:

- Qualifikationen

  Im Tabellenblatt *Qualifikationen* werden die möglichen Weiterbildungsmaßnahmen eingetragen. Es beinhaltet bereits eine Vielzahl von Vorschlägen zu Weiterbildungsmaßnahmen zu den Schwerpunkten der Aufgabenbereiche (Vergaberecht, Bauvertragsrecht, Arbeitsrecht, Arbeitsschutz, Projektmanagement, Bautechnik, EDV und Softskills) der Baustellen-Führungskräfte. Diese Maßnahmen können ausgewählt und wieder abgewählt, aber auch ergänzt werden.

- Personal

  Im Tabellenblatt *Personal* sind die Mitarbeiter des Unternehmens aufzuführen. Neben dem Namen und der Personalnummer können zusätzlich Position im Unternehmen, Ausbildung, Geburtsdatum sowie das Einstellungsdatum und ein Freitext eingegeben werden.

- Liste aller Termine

  Das Tabellenblatt *Liste aller Termine* enthält in einer chronologischen Auflistung alle durchgeführten Qualifizierungsmaßnahmen.

- Fort- und Weiterbildung

  Im Tabellenblatt *Fort- und Weiterbildung* werden die Informationen der anderen Tabellenblätter zusammengefügt, es ist gleichzeitig die Übersicht des Qualifizierungsbedarfs. Hierzu sind die Felder Kenntnisstand SOLL und IST (türkis hinterlegt) für jeden Mitarbeiter auszufüllen. In der Spalte Schulung notwendig wird der Qualifizierungsbedarf (rot hinterlegt: Bedarf vorhanden; braun hinterlegt kein Bedarf) angezeigt.

Eine Anleitung zur Nutzung der Qualifizierungsmatrix wurde ebenfalls erstellt, sie umfasst vier Kapitel auf insgesamt 17 Seiten. Im ersten Kapitel werden die Unternehmen motiviert, eine Qualifizierungsbedarfsanalyse durchzuführen. Das folgende Kapitel definiert die Zielsetzung der Qualifizierungsmatrix. Bevor in Kapitel vier die Anwendung der Qualifizierungsmatrix beschrieben wird, gibt Kapitel drei eine Einführung in den Themenkomplex Qualifikationsbedarf.

Das Tool zur Qualifikationsbedarfsanalyse sowie die Anleitung zur Nutzung befand sich im Anhang I[87].

4.5 Assistenz der Bauleitung

4.5.1 Idee und Zielsetzung

Die Assistenz der Bauleitung ist ein Rückschluss aus den Fakten, dass die Baustellen-Führungskräfte

- durchschnittlich 14,5 Überstunden pro Woche ableisten

- dennoch wichtige Aufgaben nicht erledigen

- viele Aufgaben erledigen, für die sie überqualifiziert und daher aus Unternehmerperspektive „zu teuer" sind.

Das Ziel ist, Baustellen-Führungskräfte von Aufgaben zu entlasten, für die sie überqualifiziert sind, so dass sie sich wieder auf ihre Kernkompetenz und -aufgaben konzentrieren und damit ein besseres Ergebnis für das Projekt erzielen können.

4.5.2 Inhaltliche Umsetzung

Die inhaltliche Umsetzung des Modellbausteins Assistenz der Bauleitung, welcher im Pentagon der Bauleitung verankert war, wird in dieser Arbeit von der Autorin vorgenommen und im folgenden Kapitel fünf dargestellt.

---

87   Die Unterlagen sind über den folgenden Link abzurufen: http://www.baubetrieb.uni-wuppertal .de/ forschung/projekte/ebbfue.html

4.6 Informationssystem über deutsche Regelwerke mit Bedeutung für Baustellen-Führungskräfte

4.6.1 Idee und Zielsetzung

In der sich ständig ändernden Regelwelt, in der die Baustellen-Führungskraft aber immer auf dem aktuellen Stand sein muss, und der zunehmenden Verrechtlichung des Bauens soll die Umsetzung dieses Bausteins ebenfalls entlastend wirken.

Der Baustein soll den Baustellen-Führungskräften eine höhere Rechtssicherheit bieten und ihnen praxisrelevantes Rechtswissen schnell, einfach, aktuell und für Nichtjuristen geeignet zur Verfügung stellen. Baustellen-Führungskräfte können sich wieder auf ihre Kernaufgabe konzentrieren, die Effektivität beim Steuern und Durchführen der Bauaufgabe kann deutlich erhöht werden.

4.6.2 Inhaltliche Umsetzung

Der Modellbaustein „Informationssystem über deutsche Regelwerke mit Bedeutung für Baustellen-Führungskräfte" ist eine Weiterentwicklung über das Projekt EBBFü hinaus, dessen Konzept im Kapitel sechs erarbeitet wird.

4.7 Zusammenfassung

Das Modell zur Verbesserung der Lebensarbeitsgestaltung von Baustellen-Führungskräften umfasst insgesamt neun Bausteine (siehe Abbildung 32), davon wurden sieben Bausteine während der Projektphase des Projekts „Erhalt der Beschäftigungsfähigkeit von Baustellen-Führungskräften" erarbeitet. Dabei handelt es sich um die Bausteine mit den Schwerpunkten

- Organisationsentwicklung

- Personalentwicklung/-management

- Weiterbildung

- Mentoring

Sie sollen die Baustellen-Führungskräfte einbinden, weiter entwickeln, entlasten, Orientierung bieten, Kompetenzerwerb und -erweiterung unterstützen sowie den kommunikativen Austausch und Rat ermöglichen. Die oberen beiden Bausteine des Modells (siehe Abbildung 32) werden in den folgenden beiden Kapiteln erarbeitet, sie sollen den Druck reduzieren sowie eine Konzentration auf das Wesentliche ermöglichen. Die Bausteine sorgen für eine Entlastung infolge der Verrechtlichung des Bauens und dem erhöhten Dokumentationsaufwand.

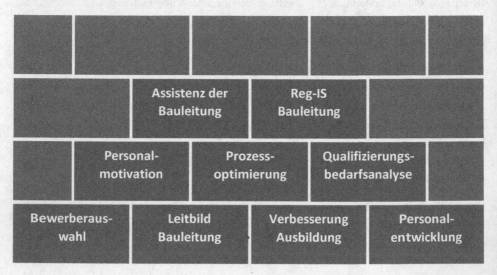

Abbildung 32: Bausteine des Modells zur Verbesserung der Lebensarbeitsgestaltung von Baustellen-Führungskräften

5 Modellbaustein: Assistenz der Bauleitung

5.1 Die Idee

Wie oben bereits beschrieben, gehört der Bauleiter zu einer stark belasteten Personengruppe, für die unterschiedliche Entlastungsideen entwickelt worden sind. Eine dieser Ideen ist, dem Bauleiter eine Assistenz an die Seite zu stellen, die ähnlich wie bei einem Arzt, einfache und zuarbeitende Tätigkeiten übernehmen und eigenständig abwickeln kann. Die Assistenz der Bauleitung sollte sowohl im kaufmännischen wie auch im technischen Bereich ausgebildet sein, damit die notwendigen Kompetenzen vorhanden sind. Um Aufgaben der Bauleitung eigenständig auszuführen und so die Bauleitung zu entlasten. Ziel dieser Idee ist eine berufliche duale Ausbildung zur „Assistenz der Bauleitung"[88], in der die notwendigen kaufmännischen wie auch technischen Kompetenzen sowohl im Betrieb als auch in der Berufsschule vermittelt werden.

Die Assistenz der Bauleitung soll die Baustellen-Führungskraft entlasten, indem sie organisatorische, einfache kaufmännische und einfache technische Aufgaben vorbereitet bzw. abarbeitet und bei schwereren Aufgaben der Bauleitung zuarbeitet. Zu diesen Aufgaben gehören beispielsweise:

- Abstimmung von Lieferterminen

- Baustellenvorbereitung unter Berücksichtigung der Baupreiskalkulation und der Terminschiene

- Bearbeitung von Lieferbeanstandungen

- Dokumentation für interne (Controlling)/externe (Baustellenbericht) Zwecke und zur Schaffung der Rechtssicherheit (gerichtsfeste Dokumentation)

- Erarbeiten von Entscheidungsvorlagen

- Erfassung von Bauleistungen

- Erledigung von Schriftverkehr nach Anweisung

- Erstellung von Aufmaßen

---

88 Arbeitsbegriff für den noch zu benennen Ausbildungsberuf; falls es sich um eine duale Berufsausbildung handeln soll, darf diese nicht Assistenz heißen, da der Begriff Assistent/in landesrechtlich geregelten schulischen Ausbildungen an Berufsfachschulen vorbehalten ist.

- Filtern von Telefonaten und E-Mails

- Halten von einfachen Rücksprachen mit den Baubeteiligten

- Kaufmännische Zuarbeit

- Organisation der Planungs- und Ausführungsunterlagen: diese auf aktuellem Stand halten bzw. Veranlassung ihrer Bereitstellung

- Überprüfung der Einhaltung der Arbeitssicherheit

- Unterstützung bei der Beschaffung, Disposition und Koordination von Materialien, Geräten und Personal

- Unterstützung bei der Koordination verschiedener Gewerke und Firmen

- Unterstützung beim Qualitätsmanagement

- Unterstützung in Abhängigkeit von der internen Organisation des Unternehmens bei der firmeninternen Kommunikation

- Vorbereitende Tätigkeiten zur Angebotserstellung/Kalkulation, Abrechnung und Nachtragskalkulation

- Vorprüfen der Rechnungen von Lieferanten und Nachunternehmern

- Zusammenfassen und Bewerten von Kundengesprächen.

Die Assistenz der Bauleitung unterstützt den Bauleiter während der gesamten Abwicklung des Bauprojektes in einem KMU. Dies bedeutet, dass der Bauleiter von der Akquise des Bauauftrages bis zur Übergabe an den Bauherrn das Projekt betreut.

Bei der Recherche ist die Autorin auf Berufe bzw. Ausbildungen gestoßen, die den Rückschluss zulassen, dass eine solche Assistenz der Bauleitung bereits existiert. Dabei handelt es sich um die folgenden Berufsbezeichnungen:

- Bau- und Projektkaufmann/frau
  „übernehmen die kaufmännische Betreuung und das Controlling von Bauprojekten."[89]

- Fachwirt/in Bau
  „nehmen qualifizierte Fachaufgaben im kaufmännischen und organisatorischen Bereich der Bauwirtschaft wahr [...] z. B. erstellen sie Betriebsabschlüsse,

---

89 BUNDESAGENTUR FÜR ARBEIT – URL: http://berufenet.arbeitsagentur.de/berufe/start?dest=profession&prof-id=27726 (06.05.2014)

Lohn- und Gehaltsabrechnungen, erledigen die Rechnungslegung sowie das Mahnwesen und fassen Steuererklärungen ab. Auch die betriebswirtschaftliche Kontrolle der Material- und Lagerwirtschaft sowie des Maschinen- und Fuhrparks liegt in ihrer Hand. Des Weiteren leiten sie auch Mitarbeiter/innen an und kümmern sich um die betriebliche Aus- und Weiterbildung."[90]

- staatlich geprüfte/er bautechnische Assistent/in
  „fertigen Entwurfs-, Ausführungs- und Detailpläne an und übernehmen organisatorische Aufgaben, zum Beispiel bei der Bauplanung und -überwachung sowie bei Ausschreibungen und Abrechnungen von Baumaßnahmen. Außerdem berechnen Bautechnische Assistenten und Assistentinnen den Materialbedarf, sind im Einkauf tätig und organisieren die sachgerechte Lagerung von Baumaterialien. Sie nehmen auch Materialprüfungen vor, um die Qualität der Baustoffe zu gewährleisten."[91]

- Betriebsmanager/in Bau- und Holztechnik
  „führen die Auftragsplanung für die Fertigung von Holzerzeugnissen, -konstruktionen und -bauten durch, erstellen Entwürfe, ermitteln den Materialbedarf und kontrollieren den Fertigungsablauf. Zudem kümmern sie sich um betriebswirtschaftliche Fragestellungen und sind für die Qualität der geleisteten Arbeiten verantwortlich."[92]

- Bauabrechner/in
  „fertigen Abrechnungsunterlagen nach Ausführungsplänen und örtlichem Aufmaß der erbrachten Bauleistungen an. Bauabrechner/innen setzen Leistungsberichte der Baustellen in Abrechnungspositionen um und erstellen Zwischen- bzw. Schlussrechnungen. Ebenso prüfen sie die Rechnungen von Lieferanten und Subunternehmern und stellen die Abrechnungsunterlagen für die Nachkalkulation zusammen."[93]

---

90 BUNDESAGENTUR FÜR ARBEIT – URL: http://berufenet.arbeitsagentur.de/berufe/start?dest=profession&profid=7967 (06.05.2014)
91 BUNDESAGENTUR FÜR ARBEIT – URL: http://berufenet.arbeitsagentur.de/berufe/start?dest=profession&profid=5620 (06.05.2014)
92 BUNDESAGENTUR FÜR ARBEIT – URL: http://berufenet.arbeitsagentur.de/berufe/start?dest=profession&profid=5969 (06.05.2014)
93 BUNDESAGENTUR FÜR ARBEIT – URL: http://berufenet.arbeitsagentur.de/berufe/start?dest=profession&profid=7675 (06.05.2014)

- Baukalkulator/in
  „ermitteln Kosten und Preise für Bauleistungen, -produkte oder -projekte."[94]

Keiner dieser Berufe bzw. Ausbildungsgänge erfüllt jedoch den inhaltlichen Anspruch an eine Assistenz der Bauleitung, wie sich diese in Kapitel 5.3 darstellen wird; es werden nur Teilaspekte daraus berücksichtigt.

Eine Art der Assistenz der Bauleitung scheint jedoch, zumindest im Rahmen einer DIN-Norm angedacht gewesen zu sein. „Die Projektassistenz umfasst alle Aufgaben, für die der Projektleiter zwar verantwortlich ist, sie aber nicht selbst durchführt, sondern an eine geeignete Person delegiert. Der Betrieb des Projektsekretariats, die Vor- und Nachbereitung von Besprechungen, der Informationsfluss von und zu den Projektbeteiligten sind typische Beispiele für den Aufgabenbereich der Projektassistenz. In der bis 1. Januar 2009 gültigen DIN 69905:1997 wurde Projektassistenz definiert als „Aufgaben zur Entlastung und im Auftrag der Projektleitung". In der aktuellen DIN 69901-5:2009 wird der Begriff Projektassistenz nicht mehr definiert."[95]

Nachdem eine Assistenz der Bauleitung als Ausbildung bzw. Beruf bisher nicht existiert, wird in den folgenden Kapiteln zuerst auf die Grundlagen einer möglichen Qualifizierung eingegangen und anschließend Inhalte einer Ausbildung zur Assistenz der Bauleitung entwickelt.

5.2   Grundlagen der Qualifizierung

Die Qualifizierung der Assistenz der Bauleitung könnte in Form einer Aus- oder Weiterbildung erfolgen.

Die berufliche Ausbildung kann in die schulische Berufsausbildung und die duale Berufsausbildung unterteilt werden. Die duale Berufsausbildung findet an zwei Lernorten, dem Betrieb und der Berufsschule statt und wird aus diesem Grund als duale Berufsausbildung bezeichnet. Die schulische Berufsausbildung hingegen findet nur am Lernort Berufsfachschule statt.

„Die duale Berufsausbildung hat einen hohen Stellenwert in Deutschland. Mehr als die Hälfte eines Altersjahrgangs (2012: 55,7 Prozent) beginnt eine Ausbildung in einem der

---

94   BUNDESAGENTUR FÜR ARBEIT – URL: http://berufenet.arbeitsagentur.de/berufe/start?dest=profession&prof-id=7673 (06.05.2014)
95   BERLEB MEDIA GMBH – URL: https://www.projektmagazin.de/glossarterm/projektassistenz (16.05.2014)

circa 330 nach dem Berufsbildungsgesetz (BBiG) und der Handwerksordnung (HwO) anerkannten Ausbildungsberufe."[96] Die duale Berufsausbildung hat zum Ziel, in einem Ausbildungsgang die notwendigen Kompetenzen und Qualifikationen für die Ausübung an einer qualifizierten Tätigkeit zu vermitteln und die erforderliche Berufserfahrung im Rahmen der betrieblichen Ausbildung zu ermöglichen. Der erfolgreiche Abschluss der dualen Ausbildung befähigt zur unmittelbaren Berufsausübung als qualifizierte Fachkraft in einem anerkannten Ausbildungsberuf.[97]

Bei einer schulischen Berufsausbildung an einer Berufsfachschule erhalten die Schüler eine Einführung in den Beruf, d. h. eine berufliche Grundbildung[98] oder einen Berufsabschluss nach Landesrecht[99]. Dieser kann bei Erfüllung bestimmter Voraussetzungen auch auf die Ausbildungszeit in einem anerkannten Ausbildungsberuf angerechnet werden[100]. Des Weiteren können die Absolventen an der Berufsfachschule unter bestimmten Voraussetzungen auch die Fachhochschulreife erwerben.

Zum Bildungsauftrag der Berufsschule gehört „einerseits berufliche Handlungskompetenzen zu vermitteln und andererseits die allgemeine Bildung zu erweitern. Damit befähigt die Berufsschule die Auszubildenden zur Erfüllung der Aufgaben im Beruf sowie zur Mitgestaltung der Arbeitswelt und der Gesellschaft in sozialer und ökologischer Verantwortung. Seit 1996 sind die Rahmenlehrpläne der Kultusministerkonferenz für den berufsbezogenen Unterricht in der Berufsschule nach Lernfeldern strukturiert. Intention bei der Einführung des Lernfeldkonzeptes war die von der Wirtschaft angemahnte stärkere Verzahnung von Theorie und Praxis."[101]

---

96 BUNDESMINISTERIUM FÜR BILDUNG UND FORSCHUNG – URL: http://www.bmbf.de/de/berufsbildungsbericht.php (08.05.2014)
97 Vgl.: STÄNDIGE KONFERENZ DER KULTUSMINISTER DER LÄNDER IN DER BUNDESREPUBLIK DEUTSCHLAND (KMK) – URL: http://www.kmk.org/ bildung-schule/berufliche-bildung/berufsschule-berufsgrundbildungsjahr.html (08.05.2014)
98 Vgl.: MINISTERIUM FÜR SCHULE UND WEITERBILDUNG DES LANDES NORDRHEIN-WESTFALEN – URL: http://www.berufsbildung.nrw.de /cms/lehrplaene-und-richtlinien/berufsfachschule/ (08.05.2014)
99 Vgl.: MINISTERIUM FÜR SCHULE UND WEITERBILDUNG DES LANDES NORDRHEIN-WESTFALEN – URL: http://www.berufsbildung.nrw.de/ cms/lehrplaene-und-richtlinien/hoehere-berufsfachschule/mit-berufsabschluss/richtlinien-und-lehrplaene.html (08.05.2014)
100 Vgl.: § 7 Berufsbildungsgesetz
101 SEKRETARIAT DER KULTUSMINISTERKONFERENZ (HRSG.): Handreichung für die Erarbeitung von Rahmenlehrplänen der Kultusministerkonferenz für den berufsbezogenen Unterricht in der Berufsschule und ihre Abstimmung mit Ausbildungsordnungen des Bundes für anerkannte Ausbildungsberufe. Berlin, 2011, S. 10

„Handlungskompetenz wird verstanden als die Bereitschaft und Befähigung des Einzelnen, sich in beruflichen, gesellschaftlichen und privaten Situationen sachgerecht durchdacht sowie individuell und sozial verantwortlich zu verhalten."[102]

Rechtliche Grundlagen der Berufsausbildung sind das Berufsbildungsgesetz (BBiG) und im gewerblichen Bereich die Handwerksordnung (HwO) sowie die Verordnung über die Ausbildung und Prüfung in den Bildungsgängen des Berufskollegs (APO-BK). Weiterhin ist der Europäische Qualifikationsrahmen und der Deutsche Qualifikationsrahmen für lebenslanges Lernen zu berücksichtigen.

„Mit dem Deutschen Qualifikationsrahmen für lebenslanges Lernen (DQR) wird erstmals ein Rahmen vorgelegt, der bildungsbereichsübergreifend alle Qualifikationen des deutschen Bildungssystems umfasst. Als nationale Umsetzung des Europäischen Qualifikationsrahmens (EQR) berücksichtigt der DQR die Besonderheiten des deutschen Bildungssystems und trägt zur angemessenen Bewertung und zur Vergleichbarkeit deutscher Qualifikationen in Europa bei. Ziel ist es, Gleichwertigkeiten und Unterschiede von Qualifikationen transparenter zu machen und auf diese Weise Durchlässigkeit zu unterstützen. Dabei gilt es durch Qualitätssicherung und -entwicklung Verlässlichkeit zu erreichen und die Orientierung der Qualifizierungsprozesse an Lernergebnisse (in „Outcome-Orientierung") zu fördern."[103]

Im EQR, ebenso wie im DQR, bezeichnet der Ausdruck[104]:

- *„Lernergebnisse"* Aussagen darüber, was ein Lernender weiß, versteht und in der Lage ist zu tun, nachdem er einen Lernprozess abgeschlossen hat. „Sie werden als Kenntnisse, Fertigkeiten und Kompetenzen definiert";

- *„Kenntnisse"* das „Ergebnis der Verarbeitung von Informationen durch Lernen. Kenntnisse bezeichnen die Gesamtheit der Fakten, Grundsätze, Theorien und Praxis in einem Arbeits- oder Lernbereich. Im Europäischen Qualifikationsrahmen werden Kenntnisse als Theorie und/oder Faktenwissen beschrieben";

- *„Fertigkeiten"* die „Fähigkeit, Kenntnisse anzuwenden und Know-how einzusetzen, um Aufgaben auszuführen und Probleme zu lösen. Im europäischen Qua-

---

102 SEKRETARIAT DER KULTUSMINISTERKONFERENZ (HRSG.): Handreichung für die Erarbeitung von Rahmenlehrplänen der Kultusministerkonferenz für den berufsbezogenen Unterricht in der Berufsschule und ihre Abstimmung mit Ausbildungsordnungen des Bundes für anerkannte Ausbildungsberufe. Berlin, 2011, S. 15
103 DEUTSCHER QUALIFIKATIONSRAHMEN FÜR LEBENSLANGES LERNEN verabschiedet vom Arbeitskreis Deutscher Qualifikationsrahmen am 22. März 2011, S. 3
104 Ebd., Anhang I

lifikationsrahmen werden Fertigkeiten als kognitive Fertigkeiten (logisches, intu-
itives und kreatives Denken) und praktische Fertigkeiten (Geschicklichkeit und
Verwendung von Methoden, Materialien, Werkzeugen und Instrumenten) beschrieben";

■ *„Kompetenzen"* die „nachgewiesenen Fähigkeiten, Kenntnisse, Fertigkeiten sowie persönliche, soziale und/oder methodische Fähigkeiten in Arbeits- oder
   Lernsituationen und für die berufliche und/oder persönliche Entwicklung zu nutzen. Im Europäischen Qualifikationsrahmen wird Kompetenz im Sinne der
   Übernahme von Verantwortung und Selbstständigkeit beschrieben."

Zusammenfassend sind Kompetenzen also Lernergebnisse bzw. Kenntnisse und Fertigkeiten, die nachgewiesen und damit überprüfbar sind.

Es gilt zu prüfen, welche Art der beruflichen Aus- oder Weiterbildung für die Assistenz der
Bauleitung als sinnvoll erachtet wird. Hierzu wird im Folgenden das modulare System der
Qualifizierung erarbeitet.

5.3   Aufbau eines modularen Systems zur Qualifizierung

5.3.1 Methodisches Vorgehen

Ausgehend von den Ergebnissen des Projekts EBBFü und dem daraus entstandenen Pentagon der Bauleitung, ist das Ziel, eine berufliche Qualifizierung für die Assistenz der Bauleitung zu erstellen. Die Entwicklung des Konzepts zur Ausbildung der Assistenz der Bauleitung erfolgt in Anlehnung an das analytische Vorgehen nach REFA[105] im Rahmen der
3-Stufen-Methode zur Anforderungsermittlung[106]:

---

105   „Markenname „REFA": 1924 in Berlin als „Reichsausschuss für Arbeitszeitermittlung" gegründet wurde
      der Name „REFA" aufgrund seines Bekanntheitsgrades beibehalten. Heute ist REFA in Deutschland und
      über 40 weiteren Ländern eine eingetragene Marke." (Quelle: URL: www.refa.de) Nach § 1 und § 2 der
      Vereinssatzung führt der Verband den Namen REFA Bundesverband e.V. Verband für Arbeitsgestaltung,
      Betriebsorganisation und Unternehmensentwicklung. Er ist ein eingetragener Verein im Sinne des Bürgerli-
      chen Gesetzbuches, mit Sitz in Darmstadt. Die Verbandsarbeit dient der Förderung, dem Aufbau und der
      Erhaltung einer wettbewerbsfähigen Wirtschaft, Verwaltung und Dienstleistung. Gleichrangig und gleich-
      gewichtig sind die Förderung und Weiterentwicklung der menschengerechten Arbeit für die in diesen Berei-
      chen Beschäftigten.
106   Vgl.: REFA - VERBAND FÜR ARBEITSSTUDIEN UND BETRIEBSORGANISATION E.V.: Methodenlehre der
      Betriebsorganisation, Teil Anforderungsermittlung (Arbeitsbewertung) München: Carl Hanser Verlag, 1991,
      S. 17

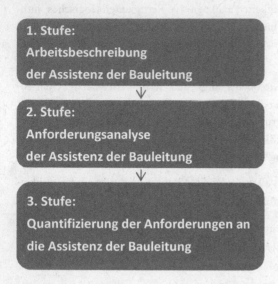

Abbildung 33: Drei Stufen der Anforderungsermittlung an die Assistenz der Bauleitung

Für die Analyse und Erarbeitung des Konzepts zur Ausbildung der Assistenz der Bauleitung wird aus der Arbeitsaufgabe der Baustellen-Führungskräfte die Arbeitsbeschreibung der Assistenz der Bauleitung entwickelt.

Zuerst einmal sind die Aufgabenfelder sowie die Handlungen einer Baustellen-Führungskraft, die zur Bewältigung der Bauaufgabe bei einem kleinen und mittelständischen Unternehmen (KMU) notwendig sind, zu erfassen und strukturiert darzustellen. Da je nach Größe und Einsatzbereich der Unternehmen die Aufgabenfelder, Handlungen[107] und Tätigkeiten der Baustellen-Führungskräfte stark voneinander abweichen können, wird vorausgesetzt, dass die Baustellen-Führungskraft in allen Phasen des Bauprojektes eingebunden ist. D. h. von der Akquise des Auftrags, über die Arbeitsvorbereitung und Bauabwicklung, als auch bei der Übergabe an den Bauherrn sowie in der Gewährleistungsphase. Des Weiteren ist zu unterscheiden, in welchem Bereich (Hochbau, Straßenbau, Tiefbau, Spezialbau) die Baustellen-Führungskraft tätig ist. In dieser Arbeit wird eine Einschränkung auf die im Hochbau tätige Baustellen-Führungskraft vorgenommen, andere Bereiche werden in dieser Arbeit nicht berücksichtigt.

107　Eine „Handlung" umfasst im Rahmen dieser Arbeit verschiedene „Tätigkeiten" und ist ein übergeordneter Begriff.

Im nächsten Schritt sind die Handlungen detailliert zu untergliedern und mit Tätigkeiten, die im Rahmen der Bewältigung der Bauaufgabe ausgeführt werden müssen, zu füllen. Diese beiden Schritte sind im Rahmen einer umfangreichen Literaturanalyse, Auswertung von lehrstuhlinternen nicht veröffentlichten Forschungsberichten zu Prozessanalysen, den Ergebnissen der Prozessaufnahmen auf der Baustelle (siehe Kapitel 3.3) sowie Auswertung der Expertengespräche des Projekts EBBFü[108] möglich. Dieses Vorgehen ist angelehnt an die Methodik nach REFA[109], in Ermangelung des Berufs der Assistenz der Bauleitung, nach der sich folgende Möglichkeiten zur Ermittlung der Arbeitsbeschreibung ergeben:

- Selbstaufschreiben
  (hier: Ergebnisse der Prozessaufnahmen auf der Baustelle und Erfassung von delegierbaren Tätigkeiten),

- Fremdaufschreiben
  (hier: Literaturanalyse/Prozessanalysen),

- Befragungen
  (hier: Expertengespräche mit Baustellen-Führungskräften und Geschäftsführern sowie Online-Befragung mit der Zielgruppe Baustellen-Führungskräfte).

Im Anschluss werden aus der detaillierten Darstellung der Aufgabenfelder, Handlungen und Tätigkeiten der Baustellen-Führungskraft die möglichen Tätigkeitsfelder der Assistenz der Bauleitung entwickelt. Hierzu werden die Tätigkeiten der Baustellen-Führungskraft, welche sie zur Bewältigung der Bauaufgabe ausführt dahingehend überprüft, ob diese auf eine in einem kaufmännischen und technischen Bereich ausgebildete Fachkraft ganz oder teilweise delegierbar sind.[108] Methodisch bedeutet dies die Erstellung der Arbeitsbeschreibung, also eine systematische Beschreibung des Arbeitssystems und der darauf bezogenen Organisationsbeziehung. Damit wäre die erste Stufe im Rahmen der Anforderungsermittlung an die Assistenz der Bauleitung erreicht.[110]

Das Handlungsfeld und die Tätigkeiten sind detailliert darzustellen, damit im vierten Schritt die notwendigen Kompetenzen und Qualifikationen aus den Aufgabenfeldern der Assistenz

---

108 Die Expertengespräche wurden von der Autorin nicht geführt, aber ausgewertet, und sie hat bei der Erstellung des Interviewleitfadens mitgewirkt.
109 Vgl.: REFA - VERBAND FÜR ARBEITSSTUDIEN UND BETRIEBSORGANISATION E.V.: Methodenlehre der Betriebsorganisation, Teil Anforderungsermittlung (Arbeitsbewertung). München: Carl Hanser Verlag, 1991, S. 38
110 Vgl.: REFA - VERBAND FÜR ARBEITSSTUDIEN UND BETRIEBSORGANISATION E.V.: Ausgewählte Methoden zur Prozessorganisation. München: Carl Hanser Verlag, 1998, S: 821

der Bauleitung abgeleitet werden können. Hier wird die Analyse der Anforderungen[111] (2. Stufe) durchgeführt.

Diese Kompetenzen und Qualifikationen dienen dazu, dass im nächsten Schritt (Stufe 3 – Quantifizierung der Anforderungen) die entsprechenden Lernfelder und Lernziele der beruflichen Ausbildung herausgearbeitet werden können. Hierzu soll eine grobe Aufgliederung in Lernfelder von der Autorin vorgenommen werden und dann entsprechend der notwendigen Kompetenzen und Qualifikationen die Lernziele bestimmt werden.

Im Anschluss sind die Lernfelder und Lernziele in Form eines Modulhandbuchs zusammenzufassen, in einer umsetzbaren Struktur darzustellen und mit Zeitwerten zu hinterlegen, so dass am Ende ein modulares Qualifizierungssystem der Assistenz der Bauleitung vorliegen wird.

Im Rahmen dieser Arbeit wird unterschieden zwischen

- den Aufgabenfeldern und

- den Handlungen und

- den Tätigkeiten,

die eine Person ausübt. Wobei die Aufgabenfelder als oberste Ebene anzusehen sind. Die Aufgabenfelder beschreiben die Aufgabenerledigung innerhalb der unterschiedlichen Projektphasen, während sich die Handlungen in der mittleren Hierarchieebene befinden und die Art und Weise der Aufgabenerledigung innerhalb der Aufgabenfelder beschreiben. Eine Handlung umfasst verschiedene Tätigkeiten, die zur Aufgabenerledigung ausgeübt werden müssen. Die Tätigkeit hat damit den größten und das Aufgabenfeld den kleinsten Detaillierungsgrad.

Grafisch stellt sich die Entwicklung eines modularen Qualifizierungssystems zur Assistenz der Bauleitung wie folgt dar:

---

111   Vgl.: REFA - VERBAND FÜR ARBEITSSTUDIEN UND BETRIEBSORGANISATION E.V.: Ausgewählte Methoden zur Prozessorganisation. München: Carl Hanser Verlag, 1998, S. 829

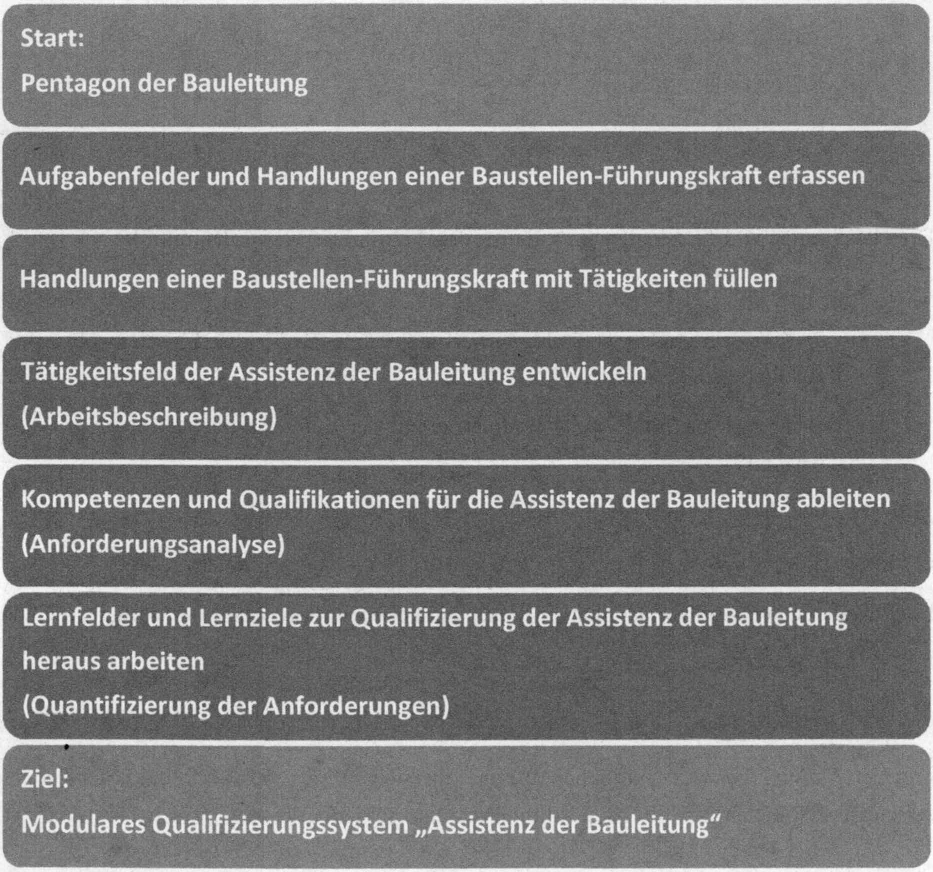

Abbildung 34: Grafische Darstellung der Entwicklung eines modularen Qualifizierungssystems zur Assistenz der Bauleitung

Nachdem die Vorgehensweise bei der Erstellung des modularen Qualifizierungssystems beschrieben wurde, wird diese in den folgenden Unterkapiteln umgesetzt.

5.3.2 Aufgabenfelder und Handlungen einer Baustellen-Führungskraft

Die Aufgabenfelder der Baustellen-Führungskraft beschreiben die Aufgabenerledigung innerhalb der verschiedenen Projektphasen, zu diesen gehören:

- Akquisephase

- Angebotsphase

- Bauvorbereitungsphase

- Bauausführungsphase

- Gewährleistungsphase

Die Handlungen und Tätigkeiten einer Baustellen-Führungskraft wurden mithilfe

- einer Literaturanalyse[112],

- der Auswertungen lehrstuhlinterner nicht veröffentlichter Forschungsberichte zur Prozessanalyse,

- den Ergebnissen der Prozessaufnahme auf der Baustelle (siehe Kapitel 3.3) sowie

- den Auswertungen der Expertengespräche (Projekt EBBFü)

erfasst und dargestellt.

Im Folgenden werden die Handlungen und Tätigkeiten entsprechend der Aufgabenfelder detailliert dargestellt.

5.3.2.1 Akquisephase[113]

Ziel der Akquise ist, wirtschaftliche Aufträge zu erlangen, die zur Verfolgung der Unternehmensziele dienen. Bei der Akquisition kann unterschieden werden zwischen der aktiven

---

112 Vgl.: BAUER, HERMANN: Baubetrieb. Berlin Heidelberg New York: Springer Verlag, 2007; BERNER, FRITZ; KOCHENDÖRFER, BERND; SCHACH, RAINER: Grundlagen der Baubetriebslehre 3. Wiesbaden: Vieweg + Teubner, 2009; BIERMANN, MANUEL: Der Bauleiter im Bauunternehmen: baubetriebliche Grundlagen und Bauabwicklung. Köln: Verlagsgesellschaft Rudolf Müller, 2001; CICHOS, CHRISTOPHER: Untersuchung zum zeitlichen Aufwand der Baustellenleitung. Darmstadt, Technische Universität Darmstadt, Bauingenieurwesen und Geodäsie, Dissertation, 2007; EKARDT, HANNS-PETER; LÖFFLER, REINER; HENGSTENBERG HEIKE: Arbeitssituation von Firmenbauleitern. Frankfurt a. M.: Campus Verlag, 1992; GIRMSCHEID, GERHARD: Angebots- und Ausführungsmanagement – Leitfaden für Bauunternehmen. Berlin Heidelberg: Springer Verlag, 2010; GIRMSCHEID, GERHARD: Strategisches Bauunternehmensmanagement. Berlin Heidelberg: Springer Verlag, 2010; MIETH, PETRA: Weiterbildung des Personals als Erfolgsfaktor der strategischen Unternehmensplanung in Bauunternehmen. Kassel: Kassel Univ. Press, 2007; NAGEL, ULRICH: Baustellenmanagement. Berlin: Verlag für Bauwesen, 1998; SOMMER, HANS: Projektmanagement im Hochbau. Heidelberg Dordrecht London New York: Springer Verlag, 2009

113 Die Handlungen und Tätigkeiten einer Baustellen-Führungskraft wurden mithilfe einer Literaturanalyse (vgl. Fußnote112), der Auswertung von Lehrstuhlinternen nicht veröffentlichten Forschungsberichten zur Prozessanalyse, den Ergebnissen der Prozessaufnahmen auf der Baustelle sowie den Auswertungen der Expertengespräche (Projekt EBBFü) erfasst.

und der passiven Akquise. Die aktive Akquise zeichnet sich dadurch aus, dass Schlüsselkunden regelmäßig kontaktiert werden, Architekten und Ingenieure regelmäßig Beratungsleistung für potenzielle Projekte angeboten bekommen oder ein Zielgruppenmarketing durchgeführt wird. Die potenziellen Auftraggeber treten dann mit ihrer Anfrage direkt an das Bauunternehmen heran. Bei der passiven Akquise hingegen werden regelmäßig Ausschreibungsanzeiger auf potenzielle Aufträge ausgewertet.

In beiden Fällen ist eine kontinuierliche Dokumentation notwendig. Bei der aktiven Variante wird der Kunde beraten und betreut, nachdem er seine Anfrage zur Angebotsunterbreitung übermittelt hat; Ausschreibungsunterlagen müssen nicht in jedem Falle vorliegen. Bei der passiven Akquisition werden die Ausschreibungsunterlagen zur Risikoanalyse angefordert. Ein positives Ergebnis der Risikoanalyse führt zur Angebotsbearbeitung.

Die Baustellenbegehung ermöglicht die Probleme und Schnittstellen zu erkennen, die aus der zweidimensionalen Planung nicht eindeutig visualisiert werden, und kann wichtige Informationen für die Risikoanalyse liefern.

Ein jedes Projekt beginnt mit der Akquisephase, und darauf folgt nach positivem Abschluss, die Angebotsphase, welche sich im folgenden Unterkapitel anschließt.

In der Akquisephase ergeben sich somit folgende Handlungen für die Baustellen-Führungskraft:

> **Akquisephase**
>
> **Anfragen zur Angebotsbearbeitung (aktive Akquise) annehmen oder durch Auswertung von Ausschreibungen (passive Akquise) durchführen Ausschreibungsunterlagen prüfen Risikoanalyse durchführen**

5.3.2.2 Angebotsphase[114]

Während der Angebotsphase, die auch als Phase der Angebotsbearbeitung bzw. -erstellung beschrieben werden kann, entsteht das rechtsverbindliche Angebot, welches im Falle einer Beauftragung Bestandteil des Vertrages sein wird. Mit der Abgabe seines Angebotes erklärt der Bauunternehmer, welche Leistungen er unter welchen Bedingungen und zu welchem Preis erbringen kann. Ziel der Angebotsphase ist die Erstellung eines wirtschaftlichen Angebotes, das die Unternehmensziele erfüllt und den Auftrag sichert.

Sollte der Bauleiter in die Akquisephase nicht eingebunden sein, erhält er nun die Unterlagen zur Angebotsbearbeitung, in die er sich zuerst einarbeiten muss. Sollten im Unternehmen mehrere an der Erstellung des Angebots beteiligt sein, findet nun ein Kalkulationsstartgespräch statt. In diesem werden die Terminschiene und Bauverfahren diskutiert, die Kalkulationsansätze festgelegt, Schnittstellenproblematiken geklärt sowie der Anteil an Eigenleistung festgelegt.

Nach der Prüfung der Vertragsunterlagen sind für die Kalkulation Angebote von möglichen Nachunternehmern einzuholen, falls der Eigenanteil nicht 100 % beträgt, und Materialpreise anzufragen.

Die Baustellenbegehung ermöglicht die Probleme und Schnittstellen zu erkennen, die aus der zweidimensionalen Planung nicht eindeutig visualisiert werden. Sie dient dazu, sich ein klares Bild über die Topographie, Oberflächen-Geologie, Nachbarschaft, Zugangsmöglichkeiten zur Baustelle, Möglichkeiten der Baustelleneinrichtung sowie Potenziale in der näheren Umgebung zu verschaffen.

Es ist die Kalkulation durchzuführen, eine Grobplanung zum Bauablauf und eine Liquiditätsplanung zu erstellen. Vor der Abgabe des Angebotes findet ein abschließendes Ge-

---

114 Vgl. Fußnote 112

spräch der entscheidenden Personen des Unternehmens statt, hier wird entschieden, ob das Angebot abgegeben wird. Ausschlaggebend für diese Entscheidung ist die Risikobetrachtung für das Unternehmen. Wird das Angebot abgegeben, besteht bei Ausschreibungen nach VOB/A die Möglichkeit der Teilnahme am Submissionstermin, andernfalls kann es noch zu Nachverhandlungen mit dem Auftraggeber kommen. Die sich daraus ergebenden Änderungen sind vor Vertragsabschluss in die Auftragskalkulation zu überführen. Im positiven Verlauf der Angebotsphase kann nun der Abschluss des Vertrages vorbereitet werden.

Aus der Angebotsphase ergeben sich folgende Handlungen für die Baustellen-Führungskraft:

Angebotsphase

Angebotsbearbeitung übernehmen
Einarbeiten in die Akquiseunterlagen
Kalkulationsstartgespräch führen
Vertragsunterlagen prüfen
ggf. Nachunternehmerpreise anfordern
Baustellenbegehung durchführen
Kalkulation durchführen
Grobplanung erstellen
Liquiditätsplanung erstellen
ggf. Anpassung im Bereich Kalkulation oder Grobplanung vornehmen
Kalkulationabschlussgespräch führen
Angebot erstellen
ggf. Nachverhandlungen mit dem Auftraggeber führen
Auftragskalkulation anpassen

Im Anschluss an den erfolgreichen Abschluss der Angebotsphase ergibt sich die Bauvorbereitung.

5.3.2.3   Bauvorbereitungsphase[115]

Die Beauftragung durch den Bauherrn und der Abschluss des Bauvertrages stellen den Beginn der Bauvorbereitungsphase dar. Diese beginnt mit der Arbeitsvorbereitung und endet mit dem Baubeginn auf der Baustelle. Die Bauvorbereitungsphase kann unterschieden werden in die informative organisatorische Arbeitsvorbereitung und die planungstechnische Arbeitsvorbereitung. Ziel der Arbeitsvorbereitung ist der optimierte Einsatz der Ressourcen des Baubetriebs zur Minimierung der Kosten der Bauproduktion.

Sollte die Bauleitung in die Neueinwerbung von Aufträgen sowie der Angebotserstellung nicht oder nur teilweise eingebunden sein, erfolgt an dieser Stelle

- die Übernahme des Bauauftrages,

- die Einarbeitung in die Vertragsgrundlagen und

- das Führen von Startgesprächen mit den bisherigen Beteiligten.

Dies bedeutet, dass nach Auftragserteilung die Baustellen-Führungskraft den Bauauftrag übertragen bekommt und meist zum ersten Mal Kenntnis von dem Projekt erlangt. Sie erhält alle bisherigen Unterlagen der Angebots- und der Akquisephase und arbeitet sich in diese ein, so dass sie bei dem zu führenden Startgespräch mit den bisherigen Beteiligten im Unternehmen alle noch offenen Fragen und Hintergründe, die sich aus den Unterlagen nicht ergeben, klären kann.

Im Bereich der informativen organisatorischen Arbeitsvorbereitung hat die Baustellen-Führungskraft die Aufgabe

- der Vertragskontrolle,

- der Baustellenbegehung und

- der Auftragskalkulation.

Bei der Vertragskontrolle müssen Auftragsschreiben und Vertragsunterlagen mit allen Bedingungen und Anlagen auf ihre Übereinstimmung mit dem abgegebenen Angebot und den geführten Auftragsverhandlungen kontrolliert werden. Des Weiteren ist der Leistungsumfang zu klären, jede einzelne Position im Leistungsverzeichnis (LV) ist auf mögliche Veränderungen (Streichung aus LV, Qualitäten, Materialien, Bauverfahren, Massenände-

---

115 Vgl. Fußnote 112; hier insbesondere: GIRMSCHEID, GERHARD: Strategisches Bauunternehmensmanagement. Berlin Heidelberg: Springer Verlag, 2010, S. 637 ff.; BAUER, HERMANN: Baubetrieb. Berlin Heidelberg New York: Springer Verlag, 2007, S. 535 ff.

rung) zu überprüfen. Für eine bessere Übersicht sollten alle wichtigen Informationen auf einem Datenblatt zusammengefasst werden. Die Baustellenbegehung dient der Besichtigung des Baufeldes zur Überprüfung der örtlichen Bedingungen. Hierbei sind insbesondere drei Themenkomplexe von Bedeutung:

1. Erkundung des Baufelds auf dessen Nutzungsmöglichkeiten unter Beachtung der umgebungstechnischen Randbedingungen für die Einrichtung der Produktionsanlagen und der erforderlichen Hilfseinrichtungen

2. Klärung der Baustellenlogistik hinsichtlich Versorgung, Lieferung und Lagerung

3. Kontrolle des vertraglich vereinbarten Zustandes des Baufelds und Möglichkeiten zur Umsetzung der Bauverfahren

Die Auftragskalkulation ist ein Fortschreiben der Angebotskalkulation, welche mit Einreichung des Angebotes erstellt worden ist. In diese neue Kalkulation fließen alle Änderungen ein, die sich im Rahmen der Vergabeverhandlungen und der erneuten Baustellenbegehung ergeben haben. Die Auftragskalkulation ist die Grundlage für die folgende planerische Arbeitsvorbereitung. Zu der Bauproduktionsplanung gehört die Erstellung der/des:

- Arbeitsplanung (Bauablauf-, Bauverfahrens-, Termin-, Bedarfs-, ggf. Sonderplanungen)

- Arbeitskalkulation

- Controllingkonzepts

- Baustelleneinrichtungsplanung

Für die Arbeitsplanung sind die Bauverfahren, Arbeitsabläufe, der entsprechende Zeitbedarf und Leistungen zu identifizieren. Dabei sind die Kostenvorgaben und Leistungsvorgaben von zentraler Bedeutung. Bei der Umsetzung der Arbeitsplanung kann aufgrund der Komplexität eines Bauprojektes nicht jede einzelne Planung betrachtet werden, vielmehr handelt es sich um einen interaktiven Prozess (Abbildung 35)[116] zwischen der Arbeitsplanung und der Arbeitskalkulation. Zuerst ist das Bauprojekt zu strukturieren, d. h. die Bauaufgabe ist in Bauteile, Bauabschnitte und Bauelemente zu gliedern, welche auf der Baustelle einfach erkennbar und klar abgrenzbar sind.

---

116 Vgl.: GIRMSCHEID, GERHARD: Angebots- und Ausführungsmanagement – Leitfaden für Bauunternehmen. Berlin Heidelberg: Springer Verlag, 2010, S. 118

Im nächsten Schritt sind die einzusetzenden Fertigungstechniken, unter Berücksichtigung der Herstellungsreihenfolge und den Abhängigkeitsbeziehungen, zu bestimmen. Das Ergebnis ist eine Vorgangsliste, die die vorläufige Ablaufstruktur darstellt. Anschließend sind zuerst die Aufwands- und Leistungswerte festzulegen und dann das verfügbare Potenzial an Arbeitskräften, Geräten und Maschinen im eigenen Unternehmen zu identifizieren. Mit diesen beiden Angaben können im nächsten Schritt die Vorgangsdauern berechnet werden. Diese Angaben werden in die Vorgangsliste übertragen und aus dieser entsteht dadurch, dass die Prozesse der Vorgangsliste in einen zeitlichen Ablauf gebracht werden, der vorläufige Ablaufplan. Diese vorläufige Ablaufplanung muss nun dahingehend überprüft werden, ob Kosten, Termine und weitere Randbedingungen eingehalten werden, und ob eine Kostensenkung zum Beispiel durch organisatorische oder verfahrenstechnische Änderungen möglich ist. Wenn kein weiteres Optimierungspotenzial vorhanden ist, ist die Baustelleneinrichtungsplanung zu erstellen.

Ziel der Planung der Baustelleneinrichtung ist, einen störungsfreien Bauablauf sicherzustellen. Dafür ist eine optimale Platzierung aller notwendigen ortsfesten Anlagen, Maschinen, Geräte sowie Lager- und Verkehrsflächen auf dem Baugelände vorzunehmen.

Mit den Erkenntnissen aus der Baustelleneinrichtung ist die Arbeitskalkulation sowie das Controllingkonzept zu erstellen.

Vor Beginn der Ausführungsphase und nach der Durchführung der gesamten planerischen Aufgaben erfolgt die Umsetzung der Baustelleneinrichtung.

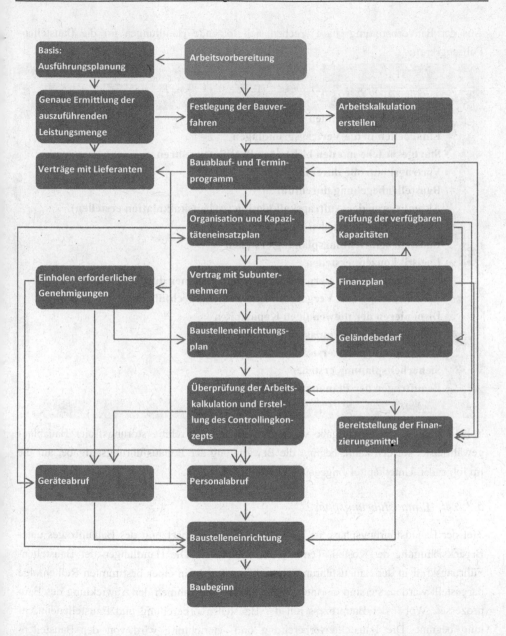

Abbildung 35: Ablauf Arbeitsplanung

Aus der Bauvorbereitungsphase ergeben sich folgende Handlungen für die Baustellen-Führungskraft:

Bauvorbereitungsphase

Bauauftrag übernehmen

Einarbeiten in die Vertragsgrundlagen

Startgespräche mit den bisherigen Beteiligten führen

Vertragskontrolle durchführen

Baustellenbegehung durchführen

Aktualisieren der Auftragskalkulation (Arbeitskalkulation erstellen)

Arbeitsplanung erstellen

Baustelleneinrichtungsplanung erstellen

Logistikkonzept erstellen

Ausschreibung und Vergabe an Nachunternehmer durchführen

Ausschreibung und Vergabe an Lieferanten durchführen

Disponieren der notwendigen Kapazitäten

Arbeitskalkulation anpassen

Controllingkonzept erstellen

Sicherheitsplanung erstellen

Beauftragen der Planungsleistung

Sobald die gesamte Bauaufgabe vorbereitet ist und ein relativ störungsfreier Bauablauf gewährleistet werden kann, beginnt die Bewältigung der Bauausführungsaufgabe, auf die im folgenden Unterkapitel eingegangen wird.

5.3.2.4 Bauausführungsphase[117]

Ziel der Bauausführungsphase ist die vertragsgemäße Umsetzung des Bauauftrages unter Berücksichtigung der Kosten, Termine und Qualitäten. Die Handlungen der Baustellen-Führungskraft in der Bauausführungsphase können nicht in einer bestimmten Reihenfolge dargestellt werden, sie sind ein interaktiver Prozess im Rahmen der Abwicklung des Bauprozesses. Wobei der Bauprozess mit der Baustellenvorbereitung und Baustelleneinrichtung beginnt. Die Baustellenvorbereitung und -einrichtung wird von der Baustellen-Führungskraft geleitet und koordiniert, als Basis dient der im vorherigen Arbeitsfeld erstell-

---

117   Vgl. Fußnote 112

te Baustelleneinrichtungsplan. Im laufenden Bauprozess hat die Baustellen-Führungskraft vielfältige Aufgaben im Rahmen der Koordinierung, Überwachung und Steuerung. Insbesondere in der Bauausführungsphase ist der administrative Aufwand sehr hoch, da alle Vorgänge juristisch richtig dokumentiert werden müssen. Und der koordinierende Aufwand aller am Bau Beteiligten (Abbildung 5) ist immens. Die Baustellen-Führungskraft ist verantwortlich dafür, dass der Bauauftrag vertragsgemäß durchgeführt wird und sich das wirtschaftliche Ergebnis für das Bauunternehmen positiv darstellt. Zur Sicherstellung der Bauqualität sind Nachunternehmerleistungen von der Baustellen-Führungskraft abzunehmen und Lieferanten sowie Nachunternehmer nach Fertigstellung ihres Auftrags zu beurteilen. Schwachstellenanalysen und Abschlussberichte werden zur Verbesserung der firmeninternen Abläufe durchgeführt. Zusätzlich hat die Baustellen-Führungskraft den Arbeits-, Gesundheits- und Umweltschutz auf der Baustelle sicherzustellen.

Aus der Bauausführungsphase ergeben sich folgende Handlungen für die Baustellen-Führungskraft:

Bauausführungsphase

Baustellenvorbereitung und Baustelleneinrichtung leiten und koordinieren

Führungsaufgaben wahrnehmen

Kommunikationsmanagement durchführen, koordinieren und leiten

Organisieren und Führen der Dokumentation (Berichtswesen)

Logistik koordinieren

Ausführungsmanagement koordinieren

Arbeits-, Gesundheits- und Umweltschutz überwachen und durchsetzen

Nachtragsmanagement koordinieren und kontrollieren

Controllingaufgaben wahrnehmen

Qualitätsmanagement leiten

Räumen der Baustelle planen und leiten

Abnahmen von Nachunternehmerleistungen durchführen

Endabnahme durchführen

Mängelbeseitigung planen, leiten und organisieren

Abrechnung durchführen

Nach der Fertigstellung der Bauaufgabe und der Endabnahme beginnt die gesetzlich geregelte Gewährleistungszeit, auf die im nächsten Unterkapitel eingegangen wird.

5.3.2.5   Gewährleistungsphase[118]

Die Gewährleistungszeit, aus der sich die Gewährleistungsphase ergibt, ist abhängig vom Inhalt des Bauvertrags sowie seiner Grundlage (BGB/VOB). Die Gewährleistungsphase beginnt mit der Endabnahme der Bauleistung. Zum einen sind die in der Endabnahme festgehaltenen Mängel abzuarbeiten (Durchführung Mängelmanagement). Des Weiteren unterstützt die Baustellen-Führungskraft im Fall einer juristischen Auseinandersetzung den juristischen Beistand des Auftragnehmers mit seinem Wissen über die Abwicklung des Bauprojektes. Und im tatsächlichen Gewährleistungsfall ist die Baustellen-Führungskraft für die Koordination und Organisation zur Beseitigung der Gewährleistungsmängel verantwortlich.

Aus der Gewährleistungsphase ergeben sich somit die drei folgenden Handlungen für die Baustellen-Führungskraft:

Gewährleistungsphase

Mängelmanagement koordinieren und organisieren
juristische Nachbereitung durchführen
gültige Gewährleistungsansprüche beseitigen

Nachdem nun alle Handlungsfelder bekannt sind, werden im Folgenden den Handlungen die entsprechenden Tätigkeiten zugeordnet.

5.3.3 Tätigkeiten der Baustellen-Führungskraft

Aus den im vorherigen Kapitel erarbeiteten Handlungen einer Baustellen-Führungskraft ergeben sich die in der folgenden Übersicht dargestellten Tätigkeiten entsprechend der verschiedenen Aufgabenfelder:

---

118   Vgl. Fußnote 112

Akquisephase

Anfragen zur Angebotsbearbeitung (aktive Akquise) annehmen
  Anfragen entgegennehmen
  Durchführen der Dokumentation
  ggf. Betreuung und Beratung des Kunden
oder durch Auswertung von Ausschreibungen (passive Akquise) durchfüh-
  Auswertung von Ausschreibungen
  Durchführen der Dokumentation
  Ausschreibungsunterlagen anfordern
  ggf. nachfragen, wenn diese nicht eingehen
Ausschreibungsunterlagen prüfen
  Prüfung der vorhandenen Informationen für die Angebotsbearbeitung
Risikoanalyse durchführen
  Ortsbesichtigung, falls notwendig
  Begutachtungen einholen, falls notwendig
  Rücksprache mit Fachplanern, falls notwendig

Angebotsphase

Angebotsbearbeitung übernehmen
  Akquisedaten übernehmen
  Dokumentation anlegen
Einarbeiten in die Akquiseunterlagen
  Prüfung der vorhandenen Informationen und Unterlagen auf Vollstän-
  Kalkulationsstartgespräch führen
  ggf. Begutachtungen einholen
  ggf. Rücksprachen mit Fachplanern halten
  Checkliste erstellen
Kalkulationsstartgespräch führen
  überprüfen, ob Terminschiene umsetzbar
  überprüfen, ob Bauverfahren umsetzbar
  Anteil Eigenleistung oder Nachunternehmerleistungen festlegen

Festlegung der Kalkulationsansätze

Schnittstellen und Problematiken klären

Vertragsunterlagen prüfen

Vertragsunterlagen hinsichtlich wirtschaftlicher Umsetzbarkeit

ggf. Nachunternehmerpreise anfordern

von potenziellen Nachunternehmern Angebot einholen

Kalkulation durchführen

Begehung des Baufeldes

Ermittlung des Bausolls

ggf. Nachunternehmerpreise anfordern

Materialpreise anfragen

Kostenermittlung

Analyse und Plausibilitätskontrolle

Grobplanung erstellen

Meilensteine definieren

Zerlegung der Bauaufgabe in Hauptaufgaben

Bestimmung der Dauer für die Hauptaufgaben

Schätzung der Leistungs- und Aufwandswerte für die Hauptaufgaben

Definition der Abhängigkeiten in den Hauptaufgaben

Personaleinsatzkapazität planen

Darstellen der Zusammenhänge in einem Balkendiagramm

Überprüfung mit Kalkulation und sonstigen Randbedingungen

Liquiditätsplanung erstellen

Liquiditätsplanung erstellen und prüfen

ggf. Anpassung im Bereich Kalkulation oder Grobplanung vornehmen

Anpassungen entsprechend dem Ergebnis vornehmen

Kalkulationabschlussgespräch führen

Angebotsabgabe diskutieren

Angebot erstellen

Angebot mit den übersandten Angebotsunterlagen erstellen

ggf. Nachverhandlungen mit dem Auftraggeber führen

Verhandlungen führen

Auftragskalkulation anpassen

Änderungen einarbeiten

Bauvorbereitungsphase

Bauauftrag übernehmen

    Bauauftrag Baustellen-Führungskraft übergeben

    Übergabe der vorhandenen Unterlagen

Einarbeiten in die Vertragsgrundlagen

    Interpretieren und Bewerten der Vertragsgrundlage im Hinblick auf

        die Angebotsunterlagen

        den Bauvertrag

        die Anlagen zum Bauvertrag

        die Verhandlungsprotokolle

        die Terminpläne

    Klärungsbedarf herausarbeiten

    Datenblatt als Übersicht anlegen

Startgespräche mit den bisherigen Beteiligten führen

    fehlende Informationen einholen

Vertragskontrolle durchführen

    Übereinstimmung mit dem Angebot und Auftragsverhandlungen prüfen

    Überprüfung des Leistungsumfangs hinsichtlich

        Beauftragte zur ausgeschriebenen Massen

        Änderungen in Positionen

        Materialänderungen

        Qualitätsänderung

        Bauverfahrensänderungen

    Überprüfung der finanztechnischen Belange

        Höhe des Auftragsvolumens

        Budget der verschiedenen Hauptgewerke

        Zahlungsbedingungen

        Garantien

    Überprüfung der Terminschiene

Baustellenbegehung durchführen

    Kontrollieren der Beschaffenheit des Baufeldes

    Überprüfen der Möglichkeiten der Verkehrserschließung

    Überprüfen der Möglichkeiten der Stromversorgung

    Überprüfen der Möglichkeiten der Wasserversorgung

Überprüfen der Möglichkeiten der Abwasserentsorgung

Überprüfung der Möglichkeiten der IKT

Überprüfung im Hinblick auf den Einsatz von Hebezeugen

Aktualisieren der Auftragskalkulation (Arbeitskalkulation erstellen)

Änderungen einarbeiten

Arbeitsplanung erstellen

Zerlegung der Bauaufgabe in Bauteile, Bauabschnitte und Gewerke

Festlegung der Ausführungsfolgen und Bauhauptphasen des Projektes

Wahl des potenziellen Bauverfahrens

Überprüfung des Bauverfahrens

Ansätze der geschätzten Leistungs- und Aufwandswerte der Bauverfahren

Prüfung der Auswirkungen im Gesamtterminplan

Baustelleneinrichtung für die potenziellen Bauverfahren grob planen

Prüfung der Kostenauswirkungen mittels Arbeitskalkulation

Überprüfung der Verfügbarkeit der notwendigen Kapazitäten

ggf. Festlegung der Nachunternehmerleistungen

Berechnung der Vorgangsdauer für die potenziellen Bauverfahren

Erstellung des vorläufigen Ablaufplans

Überprüfung

Kosten, Termine, Qualitäten eingehalten

Kostensenkung möglich

Erstellung des Ablaufplans

Baustelleneinrichtungsplanung erstellen

Randbedingungen berücksichtigen

Umsetzung der Planung

Logistikkonzept erstellen

Baustelleninfrastruktur

Baustellensicherheit

Versorgungslogistik

Entsorgungslogistik

Transportlogistik

Lagerlogistik

Ausschreibung und Vergabe an Nachunternehmer durchführen

Festlegung von Nachunternehmerleistungen

Erstellen von Bauvertragskonformen Leistungsbeschreibungen

Zusammenstellen der erforderlichen Ausschreibungsunterlagen

Auswahl an Nachunternehmer und Übersendung Ausschreibungsunterlagen

Auswertung der Angebote

ggf. Führen von Gesprächen und Nachverhandlungen

Vertrag erstellen

Ausschreibung und Vergabe an Lieferanten durchführen

Erstellung Ausschreibungsunterlagen

Auswahl Lieferanten und Übersendung Ausschreibungsunterlagen

Angebot prüfen

ggf. Nachverhandlungen führen

Vertrag erstellen

Disponieren der notwendigen Kapazitäten

Personal

Material

Bauhilfsmaterialien

Arbeitskalkulation anpassen

Änderungen einarbeiten

Controllingkonzept erstellen

Methoden und Verfahren zur Kontrolle der Termine und Kosten darstellen

Sicherheitsplanung erstellen

Unfallverhütung

Gesundheitsschutz

Umweltsicherheit

Beauftragen der Planungsleistung

Planungsleistungen beauftragen, falls notwendig

Bauausführungsphase

Baustellenvorbereitung und Baustelleneinrichtung leiten und koordinieren

    Abstimmungen mit Behörden vornehmen

    Planen und Leiten der Baustellenvorbereitung

    Vermessung durchführen

    ggf. Beweissicherungsverfahren Nachbarbebauung durchführen

    Koordinierung der Baustelleneinrichtung

Führungsaufgaben wahrnehmen

    Personal führen und beurteilen

    Aufgaben verteilen und Verantwortlichkeiten festlegen

    Arbeitsroutinen festlegen

Kommunikationsmanagement durchführen, koordinieren und leiten

    Aufbau und kontinuierliche Pflege der externen Kommunikation

    Aufbau und kontinuierliche Pflege der internen Kommunikation

Organisieren und Führen der Dokumentation (Berichtswesen)

    internes Berichtswesen

    externes Berichtswesen

    Kontrolle/Koordination des Informations- und Dokumentationsmanagements

Logistik koordinieren

    Koordinieren der Beschaffungslogistik

    Organisieren der Entsorgungslogistik

    Erstellen der Verkehrsinfrastrukturlogistik

Ausführungsmanagement koordinieren

    Abruf der Planungsunterlagen

    Prüfung der Ausführungsplanung

    Umsetzung der Leistungserstellungsplanung und Produktionssteuerung

    Umsetzung eines kontinuierlichen Verbesserungsprozesses

    Termin -, Ressourcen- und Kostenmanagement durchführen

    Koordinierung der Bauproduktion

    ggf. gezielt steuernd eingreifen bei Abweichungen vom Soll zum Ist

    Bewältigung von auftretenden Störungen im Bauablauf

Arbeits-, Gesundheits- und Umweltschutz überwachen und durchsetzen

Überwachung der Vorschriften zur Arbeitssicherheit und Umsetzung dieser

Durchsetzung des Sicherheits- und Gesundheitsplans

Beachtung des Umweltschutzes

Nachtragsmanagement koordinieren und kontrollieren

Maßnahmen zur Vorbeugung von Nachträgen durch Nachunternehmer

Nachtrag an Auftraggeber

Nachtrag durch Nachunternehmer

Controllingaufgaben wahrnehmen

Fortschreibung Arbeitskalkulation

Fortschreibung Terminfeinplanung

Fortschreibung der Liquiditätsplanung

Qualitätsmanagement leiten

Beurteilen der tatsächlichen Ausführungsqualität zur geschuldeten Qualität

Leiten und koordinieren des baubegleitenden Mängelmanagements

Räumen der Baustelle planen und leiten

Vorbereitungen zur Baustellenräumung treffen

Leiten und koordinieren

Abnahmen von Nachunternehmerleistungen durchführen

Überprüfung auf Mängel

ggf. Mängelmanagement

Abnahmeprotokoll

ggf. Vorbehalte im Abnahmeprotokoll fixieren

Endabnahme durchführen

Abnahmebegehung veranlassen und durchführen

Abnahmeprotokoll erstellen

ggf. Mängel im Abnahmeprotokoll fixieren

ggf. planen und leiten der Mängelbeseitigung

Mängelbeseitigung planen, leiten und organisieren

Art und Weise der Mängelbeseitigung klären

Mängelbeseitigung koordinieren

Abrechnung durchführen
>   Leistungsermittlung/Durchführung von Aufmaßen
>   Rechnungsprüfung Material und Geräte
>   Rechnungsprüfung der Nachunternehmer
>   Abrechnung für erbrachte Leistungen/Rechnungsstellung an AG
>   Mahnwesen

Gewährleistungsphase

Mängelmanagement koordinieren und organisieren
>   Prüfen von Gewährleistungsansprüchen
>   Planen und leiten von Arbeiten im Rahmen der Gewährleistung

juristische Nachbereitung durchführen
>   Zuarbeiten im Fall eines juristischen Verfahrens

gültige Gewährleistungsansprüche beseitigen
>   Gewährleistungsansprüche prüfen
>   ggf. koordinieren und organisieren

Aus den vorhandenen Handlungen (fett) und Tätigkeiten der Baustellen-Führungskraft werden im folgenden Unterkapitel entsprechend der Aufgabenfelder der Baustellen-Führungskraft die Handlungen und Tätigkeiten der Assistenz der Bauleitung herausgearbeitet.

5.3.4 Tätigkeitsfelder der Assistenz der Bauleitung

Zur Identifikation der delegierbaren Aufgaben von der Baustellen-Führungskraft auf die Assistenz der Bauleitung sind zunächst die Tätigkeiten der Baustellen-Führungskraft genauer zu betrachten. Hierzu werden die in Kapitel 5.3.3 bereits beschriebenen Tätigkeiten detaillierter betrachtet und tabellarisch aufbereitet.

Akquisephase

Mitwirken bei der Akquise von Aufträgen

Telefonische Anfragen entgegennehmen

Auswertungen von Ausschreibungen mit Hilfe fester Vorgaben durchführen

Ausschreibungsunterlagen anfordern und Eingänge nachhalten

Dokumentationen auf aktuellem Sachstand halten

Unterstützen bei der Beratung von Kunden

Angebotsphase

Mitarbeiten bei der Angebotsbearbeitung

Dokumentationen auf aktuellem Sachstand halten

Vorbereitende und Unterstützende Tätigkeiten bei der Angebotserstellung übernehmen

Korrespondenz mit Lieferanten führen und dokumentieren

Korrespondenz mit Nachunternehmern führen und dokumentieren

Vorbereitende und Unterstützende Tätigkeiten bei der Grobplanung übernehmen

Vorbereitende und Unterstützende Tätigkeiten bei der Auftragskalkulation übernehmen

Bauvorbereitungsphase

Einarbeiten in die Vertragsgrundlagen

Vertragsgrundlage verstehen

Planungsunterlagen lesen und interpretieren

Mitwirken beim Startgespräch

organisatorische Tätigkeiten zur Vorbereitung übernehmen

Protokoll zum Startgespräch anfertigen

Unterstützen bei der Vertragskontrolle

Abweichungen im Vertrag zu Angebot und Auftragsverhandlungen sowie im Leistungsumfang identifizieren

Terminschiene verstehen

Vorbereitende und Unterstützende Tätigkeiten bei der Kalkulation

Daten für die Kalkulation ermitteln

Änderung nach Anweisung übernehmen

Mitarbeiten bei der Arbeitsplanung (Bauablauf-, Bauverfahrens-, Termin-, Bedarfs-, ggf. Sonderplanung)

Lokalisieren einer sinnvollen Zerlegung der Bauaufgabe in Bauteile, Bauabschnitte und Gewerke

Wählen der Ausführungsfolgen und Bauhauptphasen des Projektes

Erarbeiten von Entscheidungsvorlagen zu potenziellen Bauverfahren

Leistungs- und Aufwandswerte der potentiellen Bauverfahren abschätzen

Kapazitäten und ihre Verfügbarkeit überprüfen

Mitarbeiten bei der Erstellung des Ablaufplans

Mitwirken bei der Baustelleneinrichtungsplanung

Vorbereitende Tätigkeiten zur Baustelleneinrichtung und Planung durchführen

Assistieren bei der Baustellenbegehung

Dokumentation erstellen

Unterstützen bei der Erstellung der Logistikkonzepte

sinnvolles Konzept zur Baustelleninfrastruktur erkennen und auswählen

Planen eines Konzepts zur Baustellensicherheit

Mitwirken bei der Ver- und Entsorgungslogistik

Zuarbeiten zum Konzept der Transport- und Lagerlogistik

Mitarbeiten bei der Ausschreibung und Vergabe von Nachunternehmerleistungen

Mithelfen bei der Erstellung von Bauvertragskonformen Leistungsbeschreibungen

Zusammenstellen und übersenden der erforderlichen Ausschreibungsunterlagen

Vorbereitende Tätigkeiten zur Auswertung der Angebote übernehmen

Protokolle zu den Nachverhandlungen anfertigen

Dokumentation des Vergabeverfahrens übernehmen

Mitarbeiten bei der Ausschreibung und Vergabe an Lieferanten

Mithilfe bei der Erstellung von Ausschreibungsunterlagen

Erarbeiten von Entscheidungsvorlagen zur Auswahl der Lieferanten

Vorbereitende Tätigkeiten zur Auswertung der Angebote übernehmen

Protokolle zu den Nachverhandlungen anfertigen

Dokumentation des Verfahrens übernehmen

Unterstützung bei der Planung, Beschaffung und Koordination von Materialien, Geräten und Personal

Berechnen des Materialbedarfs und planen der Lieferung

Mithilfe bei der Erstellung der Personaleinsatzplanung

Mitwirken bei der Geräteeinsatzplanung

Bauausführungsphase

Assistieren bei der Baustellenvorbereitung und Baustelleneinrichtung

Mitarbeit bei der Planung der Baustellenvorbereitung

Anwenden von Methoden der Lage- und Höhenmessung und auswerten von Messprotokollen

Präzisionsmessgeräte verwenden

Dokumentation bei Beweissicherungsverfahren nach Anweisung führen

Unterstützende Tätigkeiten zur Baustelleneinrichtung übernehmen

Berücksichtigen von Zeitplanung, Arbeitsvorbereitung, Baustellenorganisation und -sicherung, wirtschaftliche Personal- und Betriebsmitteleinsätze sowie der Lagerung von Baustoffen

Unterstützen bei der Beschaffung, Disposition und Koordination von Materialien, Geräten und Personal

Bestellungen/Anforderungen nach Vorgaben ausführen

Abstimmung von Lieferterminen im Rahmen des Terminplans

Koordinierung des Lagerplatzes

Assistieren bei der Koordination des Ausführungsmanagements (Bauablauf und Baumethoden)

Organisation der Planungs- und Ausführungsunterlagen: diese auf aktuel-

Aktualisierung der Terminpläne

Zuarbeit im Kostenmanagement

Unterstützen bei der Koordination verschiedener Gewerke und Firmen

Erarbeiten von Entscheidungsvorlagen

Zuarbeiten zur Beurteilung von auftretenden Störungen im Bauablauf

Mitwirken bei der Überwachung des Arbeits-, Gesundheits- und Umweltschutz

Sicherheitsplanungen verstehen

Überprüfung der Einhaltung der Arbeitssicherheit

Überprüfung der Einhaltung des Gesundheitsschutz /Umweltschutz

Unterstützen im Nachtragsmanagement

Korrespondenz mit Auftraggeber vorbereiten

Korrespondenz mit Nachunternehmer vorbereiten

Dokumentation führen

Mitarbeit beim Qualitätsmanagement

Beurteilen von typischen Konstruktionen in den verschiedenen Gewerken

Korrespondenz nach Anweisung führen

Dokumentation führen

Mitwirken bei der Planung zur Räumung der Baustelle

    Unterstützen bei der Planung zur Umsetzung der Räumung

    Übernahme von einfachen organisatorischen Aufgaben

    Mitwirken bei der Koordination der Räumung

Zuarbeiten zur Abnahme von Nachunternehmerleistungen bzw. zur Durchführung der Endabnahmen

    Abnahmetermine organisieren

    Abnahmeprotokolle erstellen

Mitarbeit bei der Mängelbeseitigung

    Organisation zur Umsetzung von Aufgaben im Rahmen der Mängelbeseitigung

    Korrespondenz im Rahmen der Mängelbeseitigung

    Dokumentation anfertigen

Unterstützen bei der Durchführung der Abrechnung

    Bauleistungen erfassen

    Erstellen von Aufmaßen

    Vorprüfen der Rechnungen von Lieferanten und Nachunternehmern

    Abrechnungen auf Anweisung erstellen

    Organisation des Mahnwesen übernehmen

Gewährleistungsphase

Mitwirken bei der Koordinierung und Leitung des Mängelmanagements

    Vorbereitung der Prüfung von Gewährleistungsansprüchen

    Organisation zur Umsetzung von Aufgaben im Rahmen der Gewährleistung

Übergreifende

Korrespondenz mit den Baubeteiligten nach Anweisung führen und dokumentieren

    Erledigung von Schriftverkehr nach Anweisung

    Grundlegende sprachliche und schriftliche Ausdrucksfähigkeit

    Halten und dokumentieren von einfachen Rücksprachen mit den Baubeteiligten

    Mündlich und schriftlich auf korrekte Art und Weise sowohl im internen und externen Bereich kommunizieren

    Unterstützen in Abhängigkeit von der internen Organisation des Unternehmens bei der firmeninternen Kommunikation

    Vorfiltern von Telefonaten und E-Mails

Besprechungen vorbereiten und bei der Durchführung unterstützen

organisatorische Vorbereitungen übernehmen

Protokolle erstellen

Zusammenfassen und Bewerten von Kundengesprächen

Dokumentation (intern/extern) vorbereiten und organisieren

Dokumentationen, Berichte, Besprechungsnotizen und Besprechungsproto-

Unterstützen bei der Schaffung der Rechtssicherheit

Entlasten bei der Internen und externen Kommunikation

Vorfiltern von externen Telefonaten und E-Mails

Unterstützen in Abhängigkeit von der internen Organisation des Unterneh-

Anwendung und Ausführung von Software-Programmen

AVA-Programme

Controlling

Kalkulationsprogrammen

Tabellenkalkulation

Terminplanung

Textverarbeitung

Kennen und Anwenden der verschiedenen rechtlichen Grundlagen

Arbeitsschutz und -sicherheitsrecht

Honorarordnung für Architekten und Ingenieure

Kaufvertragsrecht

Umweltschutzrecht

Vergaberecht

Vertragsrecht

Insgesamt ergeben sich aus den bekannten Aufgabenfeldern und dem zusätzlich übergreifenden Aufgabenfeld 28 Handlungsfelder, welche von der Baustellen-Führungskraft teilweise oder auch ganz auf die Assistenz der Bauleitung delegiert werden könnten. Im nächsten Unterkapitel sollen die notwendigen Kompetenzen und Qualifikationen der Assistenz der Bauleitung aus den Handlungsfeldern entwickelt werden.

5.3.5 Kompetenzen der Assistenz der Bauleitung

Die notwendigen Kompetenzen in den einzelnen Handlungsfeldern der Assistenz der Bauleitung werden im Folgenden dargestellt:

Akquisephase

Mitwirken bei der Akquise von Aufträgen

Kompetenz

Akquise-Strategien kennen und umsetzen

Arbeitsleistung organisieren

bautechnisches Grundverständnis besitzen und anwenden

Dokumentation sachlich, fachlich und rechtlich richtig erstellen

gute Fähigkeiten im aktiven Zuhören zeigen

Informationen zur Beratung zusammenstellen, aufbereiten, analysieren und interpretieren

mündlich und schriftlich auf korrekte Art und Weise kommunizieren

potenzielle Projekte identifizieren

Angebotsphase

Mitarbeiten bei der Angebotsbearbeitung

Kompetenz

Anwenden der technischen Mathematik

AVA-Software anwenden

Bauplanungsunterlagen und Leistungsbeschreibungen lesen und verstehen

baustoffliches und -technisches Grundverständnis besitzen und anwenden

Dokumentation sachlich, fachlich und rechtlich richtig erstellen

Grundlagen Bauverfahren kennen und anwenden

Grundlagen zur Ablaufplanung kennen und anwenden

Grundlagen zur Angebotserstellung kennen und anwenden

Grundlagen zur Kalkulation kennen und anwenden

Preisspiegel erstellen

schriftlich und mündlich auf korrekte Art und Weise kommunizieren

Bauvorbereitungsphase

Einarbeiten in die Vertragsgrundlagen

Kompetenz

analytisches Denken

bautechnisches Grundverständnis besitzen und anwenden

Grundlagen technisches Zeichnen kennen und anwenden

Grundlagen Vertragsrecht kennen und anwenden

Mitwirken beim Startgespräch

Kompetenz

allgemeine Büro- und Verwaltungsaufgaben erledigen
bautechnisches Grundverständnis besitzen und anwenden
Dokumentation sachlich, fachlich und rechtlich richtig erstellen
Kenntnisse in der Ablauf- und Aufbauorganisation
Organisationstalent
Protokolle sachlich, fachlich und rechtlich richtig erstellen

Unterstützen bei der Vertragskontrolle

Kompetenz

Anwenden der technischen Mathematik
AVA-Software anwenden
Bauplanungsunterlagen und Leistungsbeschreibungen lesen und verstehen
baustoffliches und -technisches Grundverständnis besitzen und anwenden
Grundlagen Bauverfahren kennen und anwenden
Grundlagen zur Ablaufplanung kennen und anwenden
Grundlagen Vertragsrecht kennen und anwenden
Gute Auffassungsgabe
Konzentrationsfähigkeit
Terminpläne lesen und verstehen

Vorbereitende und Unterstützende Tätigkeiten bei der Kalkulation

Kompetenz

Bauplanungsunterlagen und Leistungsbeschreibungen lesen und verstehen
baustoffliches und -technisches Grundverständnis besitzen und anwenden
Dokumentation sachlich, fachlich und rechtlich richtig erstellen
Grundlagen Kalkulation kennen und anwenden
gute Auffassungsgabe
Kalkulationsprogramme kennen und ausführen

Mitarbeiten bei der Arbeitsplanung

Kompetenz

analytisches Denken
baustoffliches und-technisches Grundverständnis besitzen und anwenden
Dokumentation sachlich, fachlich und rechtlich richtig erstellen
Grundlagen zur Arbeitsplanung kennen und ausführen
grundlegende Bauverfahren kennen und Kapazitäten berechnen
Leistungs- und Aufwandswerte kennen und ermitteln

Mitwirken bei der Baustelleneinrichtungsplanung

Kompetenz

analytisches Denken
Dokumentation sachlich, fachlich und rechtlich richtig erstellen
Grundlagen zur Arbeitsplanung kennen und ausführen
Grundlagen zur Bausteineinrichtungsplanung kennen und umsetzen
Grundlagen zur Baustellenabwicklung und Bauverfahren kennen und anwenden
gute Auffassungsgabe

Unterstützen bei der Erstellung der Logistikkonzepte

Kompetenz

analytisches Denken
Grundlagen zum Ablauf der Transport- und Lagerlogistik kennen
Grundlagen zur Bausteineinrichtungsplanung und Infrastruktureinrichtungen kennen und umsetzen

Mitarbeiten bei der Ausschreibung und Vergabe von Nachunternehmer-

Kompetenz

Dokumentation sachlich, fachlich und rechtlich richtig erstellen
Grundlagen der Angebotsbearbeitung kennen und umsetzen
Kenntnisse im Vergabe- und Vertragsrecht wiedergeben und anwenden
mündlich und schriftlich auf korrekte Art und Weise kommunizieren
Finanz- und technische Mathematik beherrschen

Mitarbeiten bei der Ausschreibung und Vergabe an Lieferanten

Kompetenz

Dokumentation sachlich, fachlich und rechtlich richtig erstellen
Grundlagen der Angebotsbearbeitung kennen und umsetzen
Kenntnisse im Vergabe - und Vertragsrecht wiedergeben und anwenden
mündlich und schriftlich auf korrekte Art und Weise kommunizieren
Finanz- und technische Mathematik beherrschen

Unterstützung bei der Planung, Beschaffung und Koordination von Materialien, Geräten und Personal

Kompetenz

analytisches Denken
Dokumentation sachlich, fachlich und rechtlich richtig erstellen
Grundlagen zur Arbeitsplanung kennen und ausführen
Grundlagen zur Baustellenabwicklung und Bauverfahren kennen und anwenden
Grundlegende Bauverfahren kennen und Kapazitäten berechnen
Organisationstalent
Finanz- und technische Mathematik beherrschen

Bauausführungsphase

Assistieren bei der Baustellenvorbereitung und Baustelleneinrichtung

Kompetenz

analytisches Denken
Baustelleneinrichtungspläne lesen, verstehen und umsetzen können
Dokumentation sachlich, fachlich und rechtlich richtig erstellen
Grundlagen zur Ablaufplanung kennen und anwenden können
Grundlagen zur Arbeitsplanung kennen und ausführen
Grundlagen zur Bausteineinrichtungsplanung kennen und umsetzen
Grundlagen zur Baustellenabwicklung und Bauverfahren kennen und anwenden
gute Auffassungsgabe
Organisationstalent

Unterstützen bei der Beschaffung, Disposition und Koordination von Materialien, Geräten und Personal

Kompetenz

analytisches Denken
Dokumentation sachlich, fachlich und rechtlich richtig erstellen
Grundlagen zur Arbeitsplanung kennen und ausführen
Grundlagen zur Baustellenabwicklung kennen und anwenden
grundlegende Bauverfahren kennen und Kapazitäten berechnen
mündlich und schriftlich auf korrekte Art und Weise kommunizieren
Organisationstalent
Finanz- und technische Mathematik beherrschen

Assistieren bei der Koordination des Ausführungsmanagements

Kompetenz

analytisches Denken
Dokumentation sachlich, fachlich und rechtlich richtig erstellen
Grundlagen zur Arbeitsplanung kennen und ausführen
Grundlagen zur Baustellenabwicklung kennen und anwenden
grundlegende Bauverfahren kennen und Kapazitäten berechnen
Organisationstalent
Teamfähigkeit

Mitwirken bei der Überwachung des Arbeits-, Gesundheits- und Umweltschutz

Kompetenz

Grundlagen Arbeits-, Gesundheits- und Umweltschutz kennen und anwenden
Faktoren der Kommunikation erkennen und nutzen
schwierige Kommunikationssituationen beherrschen

Unterstützen im Nachtragsmanagement

Kompetenz

analytisches Denken
Dokumentation sachlich, fachlich und rechtlich richtig erstellen
Dokumentation sachlich, fachlich und rechtlich richtig erstellen
Grundlagen Vertragsrecht kennen und anwenden
Organisationstalent

Mitarbeit beim Qualitätsmanagement

Kompetenz

baustoffliches und -technisches Grundverständnis besitzen und anwenden
Dokumentation sachlich, fachlich und rechtlich richtig erstellen
Grundlagen Bauverfahren kennen und anwenden
Grundlagen Vertragsrecht kennen und anwenden
mündlich und schriftlich auf korrekte Art und Weise kommunizieren

Mitwirken bei der Planung zur Räumung der Baustelle

Kompetenz

analytisches Denken
Baustelleneinrichtungspläne lesen, verstehen und umsetzen
Grundlagen zur Ablaufplanung kennen und anwenden
Grundlagen zur Arbeitsplanung kennen und ausführen
gute Auffassungsgabe
Organisationstalent

Zuarbeiten zur Abnahme von Nachunternehmerleistungen bzw. zur Durchführung der Endabnahmen

Kompetenz

Dokumentation sachlich, fachlich und rechtlich richtig erstellen
gute Auffassungsgabe
mündlich und schriftlich auf korrekte Art und Weise kommunizieren
Organisationstalent

Mitarbeit bei der Mängelbeseitigung

Kompetenz

baustoffliches und -technisches Grundverständnis besitzen und anwenden
Dokumentation sachlich, fachlich und rechtlich richtig erstellen
Grundlagen zur Ablaufplanung kennen und anwenden
gute Auffassungsgabe
mündlich und schriftlich auf korrekte Art und Weise kommunizieren
Organisationstalent

Unterstützen bei der Durchführung der Abrechnung

Kompetenz

allgemeine Büro- und Verwaltungsaufgaben erledigen
Abrechnungen sachlich, fachlich und rechtlich richtig erstellen
analytisches Denken
Anwenden der technischen und Finanzmathematik
bautechnisches Grundverständnis besitzen und anwenden
Dokumentation sachlich, fachlich und rechtlich richtig erstellen

Gewährleistungsphase

Mitwirken bei der Koordinierung und Leitung des Mängelmanagements

Kompetenz

allgemeine Büro- und Verwaltungsaufgaben erledigen
analytisches Denken
baustoffliches und -technisches Grundverständnis besitzen und anwenden
Dokumentation sachlich, fachlich und rechtlich richtig erstellen
Grundlagen Vertragsrecht kennen und anwenden
Grundlagen zur Ablaufplanung kennen und anwenden können
mündlich und schriftlich auf korrekte Art und Weise kommunizieren

Übergreifend

Korrespondenz mit den Baubeteiligten nach Anweisung führen und do-

Kompetenz

Einfachen Schriftverkehr selbstständig erledigen
mündlich und schriftlich auf korrekte Art und Weise kommunizieren
schwierigen Schriftverkehr vorbereiten
sprachliche und schriftliche Ausdrucksfähigkeit beherrschen
Vorfiltern von externen Telefonaten und E-Mails

Besprechungen vorbereiten und bei der Durchführung unterstützen

Kompetenz

Organisationstalent
Grundlagen der Ablaufplanung kennen
Kundengespräche zusammenfassen, auswerten und bewerten
Protokolle sachlich, fachlich und rechtlich richtig erstellen

Dokumentation (intern/extern) vorbereiten und organisieren

Kompetenz

unterschiedliche Dokumentationen (intern/extern) in richtiger Art und Weise erstellen
unterschiedliche Dokumentationen (intern/extern) sachlich, fachlich und rechtlich richtig erstellen

Anwenden und Ausführen von Software-Programmen

Kompetenz

AVA-Programme
Controlling-Tools
Kalkulationsprogrammen
Tabellenkalkulation
Terminplanung
Textverarbeitung

Kennen und Anwenden der verschiedenen rechtlichen Grundlagen

Kompetenz

Arbeitsschutz und -sicherheitsrecht
Honorarordnung für Architekten und Ingenieure
Kaufvertragsrecht
Umweltschutzrecht
Vergaberecht
Vertragsrecht

Daraus ergeben sich im Überblick (siehe Anhang E)[119] 56 Kompetenzen, über die eine Assistenz der Bauleitung zur Ausübung ihrer Tätigkeit verfügen sollte.

Nachdem die notwendigen Kompetenzen der Assistenz der Bauleitung bekannt sind, werden im Folgenden die Lernfelder und Lernziele für eine Ausbildung herausgearbeitet.

5.3.6 Lernfelder und Lernziele zur Qualifizierung der Assistenz der Bauleitung

Aufgrund der vorgenannten Komplexität der Aufgabenfelder und Tätigkeiten der Assistenz der Bauleitung wird eine mindestens dreijährige duale Ausbildung von der Autorin als sinnvoll erachtet. Die duale Berufsausbildung wird mit der Ausbildungsordnung (für den Lernort Betrieb) und den Rahmenlehrplänen (für den Lernort Berufsschule) geregelt.

Beides baut grundsätzlich auf dem Niveau des Hauptschulabschlusses bzw. eines vergleichbaren Abschlusses auf und „enthält keine methodischen Festlegungen für den Unterricht. Der Rahmenlehrplan beschreibt berufsbezogene Mindestanforderungen im Hinblick auf die zu erwerbenden Abschlüsse."[120] „Seit 1996 sind die Rahmenlehrpläne der Kultus-

---

119 Zusatzmaterialien sind unter www.springer.com auf der Produktseite dieses Buches verfügbar.
120 Sekretariat des Kultusministerkonferenz (Hrsg.): Handreichung für die Erarbeitung von Rahmenlehrplänen der Kultusministerkonferenz für den berufsbezogenen Unterricht in der Berufsschule und ihre Abstimmung mit Ausbildungsordnungen des Bundes für anerkannte Ausbildungsberufe. Berlin, 2011, S. 13

ministerkonferenz für den berufsbezogenen Unterricht in der Berufsschule nach Lernfeldern strukturiert."[121]

Der EQR sowie der DQR fordert: „[...] bei der Beschreibung und Definition von Qualifikationen einen Ansatz zu verwenden, der auf Lernergebnissen beruht [...]". Lernergebnisse bzw. Kenntnisse und Fertigkeiten, die nachgewiesen und damit überprüfbar sind, werden zusammenfassend als Kompetenzen bezeichnet. Daher erfolgt die Darstellung des modularen Qualifizierungssystems im Modulhandbuch in Form von Kompetenzen und in Anlehnung an einen Rahmenlehrplan in Lernfeldern und mit detaillierteren Lernzielen.

Die notwendigen Kompetenzen der Assistenz der Bauleitung aus dem vorherigen Teil können zu Lernfeldern zusammengefasst werden. Diese Lernfelder können übergreifend, entsprechend ihrem Inhalt, fünf Lernbereichen zugeordnet werden:

- Baubetrieb, technischer Teil

- Bau-BWL, kaufmännischer Teil

- Bauinformatik, Anwendung elektronischer Informationsverarbeitungssoftware

- Recht, rechtlicher Teil

- Grundlagen, Wissen als Ausbildungsgrundlage

---

121 Sekretariat des Kultusministerkonferenz (Hrsg.): Handreichung für die Erarbeitung von Rahmenlehrplänen der Kultusministerkonferenz für den berufsbezogenen Unterricht in der Berufsschule und ihre Abstimmung mit Ausbildungsordnungen des Bundes für anerkannte Ausbildungsberufe. Berlin, 2011, S. 10

Zum technischen Teil der Ausbildung, also zum Lernbereich *BAUBETRIEB*, gehören die vier Lernfelder:

Baustoffkunde

Kompetenzen

Die Auszubildenden sollen die typischen Baustoffe, deren Eigenschaften und Anwendungsbereiche kennen und deren fachgerechten Einsatz bewerten können. Weiterhin sollen sie Anfragen zur Angebotsabgabe fachlich richtig führen und bei der Ausschreibung und Vergabe von Nachunternehmerleistungen bzw. Lieferanten mitarbeiten sowie beim Qualitätsmanagement unterstützen können.

Lernziele

Baustoffkenngrößen
- Masse, Kraft, Dichte,
- Porigkeit,
- Formänderungen,
- Festigkeit, Härte,
- Reibung, Verschleiß, Bruchverhalten

Eigenschaften, Anwendungsbereiche und Verarbeitung von
- Beton/Stahlbeton
- Bindemittel
- Dämmstoffe
- Holz
- Mauerwerk
- Mörtel und Estrich
- Stahl

Bauverfahrenstechnik

Kompetenzen

Die Auszubildenden sollen bautechnische Verfahren, Konstruktionen, Baumaschinen und Geräte sowie deren Einsatzmöglichkeiten kennen und fachgerecht
einsetzen können. Sie sollen eine Leistungsbilanz erstellen und Aufwandswerte
berechnen können sowie die Erfordernisse der Wartung von Baumaschinen und
Geräten kennen. Darüber hinaus sollen sie über Theorie- und Faktenwissen zur
Beurteilung von typischen Konstruktionen sowie zur Mitwirkung bei der Überwachung des Arbeits- und Gesundheitsschutzes verfügen.

Lernziele

Baumaschinen und Geräte
Systeme der Baukonstruktion
Fertigungsverfahren im Grundbau
- Baugrubenerstellung
- Bodenverbesserung
Fertigungsverfahren im Beton- und Mauerwerksbau
- Mauerwerk
- Beton/Bewehrung
- Schalungen
Arbeits- und Schutzgerüste

Arbeitsplanung

Kompetenzen

Die Auszubildenden sollen die Notwendigkeit und Vorgehensweisen bei der Arbeitsvorbereitung sowie den Prozess der Arbeitsplanung und Baustellenorganisation verstehen und bei diesem eigenständig mitwirken können. Insbesondere sollen sie die Organisation der Planungs- und Ausführungsunterlagen sowie die Beschaffung und Koordination von Geräten und Materialien übernehmen sowie die Aktualisierung der Arbeitspläne ausführen können. Des Weiteren sollen sie die Baustelleneinrichtung und -räumung selbstständig planen und organisieren können und über Theorie- und Faktenwissen zur Lokalisierung einer sinnvollen Zerlegung der Bauaufgabe bzw. Ausführungsfolgen sowie zur Vorbereitung von Logistikkonzepten verfügen.

Lernziele

Sinn und Zweck der Arbeitsvorbereitung

Aufgaben, Grundlagen und Randbedingungen der Ablaufplanung

- Stufen
- Darstellungsformen

Bauzeitplanung

- Grundlagen
- Darstellungsformen

Bauweise

- sinnvolle Zerlegung der Bauaufgabe
- Ausführungsfolgen

Baustelleneinrichtung/-räumung

- Einflussfaktoren
- Bestandteile
- Vorgehensweise

Logistikkonzept

- Baustelleninfrastruktur
- Baustellensicherheit
- Ver- und Entsorgung

- Lagerplatzmanagement

Praxisübungen
- Ablaufplanung mit unterschiedlichen Darstellungsformen
- Bauzeitenplanung
- Baustelleneinrichtungsplan

Qualitätsmanagement

Kompetenzen

Die Auszubildenden sollen die Grundlagen des Qualitätsmanagements kennen. Sie sollen mithilfe von standardisierten Verfahrensabläufen, Methoden und Werkzeugen bei der Einhaltung von Qualitätsstandards bzw. -zielen mitwirken können. Bei der Abwicklung von Mängeln oder Gewährleistungsansprüchen sollen sie organisierende und koordinierende Aufgaben übernehmen können. Zusätzlich sollen sie befähigt werden, die Kommunikation und Dokumentation im Bauprojekt sachlich richtig darzustellen.

Lernziele

Begriffe und Definitionen des Qualitätsmanagements
Einhaltung von Qualitätszielen und -standards
sachliche Dokumentation und Kommunikation im Bauprojekt
Abwicklung der Mängelbeseitigung während der Bauausführung
Abwicklung von Gewährleistungsansprüchen

Zum kaufmännischen Teil der Ausbildung, also zum Lernbereich *BAU-BWL*, gehören die
vier Lernfelder:

betriebliches Rechnungswesen

Kompetenzen

Die Auszubildenden sollen Kenntnisse von Fakten, Grundsätzen, Verfahren und
allgemeinen Begriffen des internen und externen betrieblichen Rechnungswesens als Basis für die Baukalkulation, Bauabrechnung und zur Ausschreibung
und Vergabe erhalten. Des Weiteren sollen sie den Zweck der Kosten-
Leistungsrechnung verstehen und diese anwenden können.

Lernziele

Grundlagen der Volks- und Betriebswirtschaft
- Angebot und Nachfrage
- Markt- und Unternehmensformen
- Preisbildung
- Angebotsstrategien
- Begriffe (wie: Ein-/Auszahlungen; Einnahmen/Ausgaben; Ertrag/Aufwand;
           Kosten/Leistungen; Umsatz/Erlöse; Steuern/Nachlässe) Leistung;
           Umsatz/Erlös; Steuern; Nachlässe)

Einblicke in das externe Rechnungswesen
- Baukontenrahmen
- Bilanz
- Abschreibung

Überblick über das interne Rechnungswesen (KLR)
- Zweck der KLR
- Regelung der KLRBau

Praxisübungen zur Baubetriebsrechnung

Baukalkulation

Kompetenzen

Die Auszubildenden sollen über ein Theorie- und Faktenwissen verfügen, um vorbereitende und unterstützende Tätigkeiten bei der Angebotskalkulation sowie bei der Fortschreibung der Kalkulation in der Bauausführungsphase übernehmen zu können.

Lernziele

Ziele und Grundlagen der Baukalkulation

Kostenarten

Aufwands- und Leistungswerte

Baukalkulationsverfahren im Überblick

Grundlagen, Elemente und Vorgehensweisen bei der Angebotskalkulation unter Nutzung verschiedener Verfahren

Zweck und Vorgehensweisen bei der Nachkalkulation

Praxisübungen:

- Angebotserstellung auf Basis eines gegeben Sachverhalts sowohl händisch, als auch mithilfe der entsprechenden Software
- Übernahme von Änderungen in der Ausführungsphase mithilfe der entsprechenden Software

Ausschreibung und Vergabe

Kompetenzen

Die Auszubildenden sollen über das notwendige Theorie- und Faktenwissen zur Mitarbeit bei der Ausschreibung und Vergabe an Lieferanten und an Nachunternehmerleistungen verfügen. Insbesondere sollen sie bei der Erstellung einer bauvertragskonformen Leistungsbeschreibung mitwirken, Ausschreibungsunterlagen zusammenstellen und vorbereitende Tätigkeiten zur Auswertung der Angebote übernehmen können. Sie sollen bei der Erstellung von Ausschreibungsunterlagen für Lieferanten mithelfen, Auswertungen der Angebote vorbereiten und Entscheidungsvorlagen zur Auswahl erarbeiten können.

Lernziele

Elemente und Vorgehensweisen bei der Ausschreibung von Leistungen
- wichtige Schritte bei der Ausschreibung von Leistungen
- Angebotsunterlagen erstellen

Leistungsverzeichnis (LV)
- Begriffe im Zusammenhang mit dem LV
- Aufbau eines LVs
- Standardleistungsbuch
- Praxisübungen: Erstellung von einfachen Leistungsverzeichnissen

Methoden und Verfahren zur Auswertung von Angeboten in Theorie und Praxis

Bauabrechnung

Kompetenzen

Die Auszubildenden sollen über ein Theorie- und Faktenwissen verfügen, mit dem sie Bauleistungen erfassen, Aufmaße erstellen sowie Vorprüfungen von Rechnungen von Nachunternehmern und Lieferanten vornehmen, aber auch Abrechnungen unterschriftsreif vorbereiten können.

Lernziele

Prüfung von Nachunternehmerrechnungen
- Inhalte einer prüffähigen Rechnung
- Ablauf und Vorgehensweise in Theorie und Praxis

Prüfung von Lieferantenrechnungen

Grundlage und Vorgehensweise bei der Rechnungsstellung an den Auftraggeber

- Grundlagen der Abrechnung (Vertragstypen, Kostenarten, Leistungsermittlung)
- prüffähige Rechnung
- Notwendigkeit der Abnahme bei Bauleistungen
- Vorgehensweise bei Mengenänderungen
- Praxisübungen: Prüffähige Rechnung mit allen Vorarbeiten am Beispiel erstellen

Nachtragsmanagement

Zum rechtlichen Teil der Ausbildung, also zum Lernbereich *RECHT*, gehören die fünf Lernfelder:

öffentliches Baurecht

Kompetenzen

Die Auszubildenden kennen die wichtigsten Rechtsquellen des öffentlichen Baurechts. Sie kennen und verstehen die Instrumente des Bauplanungs- und Bauordnungsrechts.

Lernziele

Rechtsquellen des öffentlichen Rechts
- Baugesetzbuch (BauGB)
- Baunutzungsverordnung (BauNVO)
- Landesbauordnungen der Länder (hier: BauO NRW)

Instrumente des Bauplanungsrechts
- Bauleitplanung (Flächennutzungsplan/Bebauungsplan)
- Erschließung

Regelungen des Bauordnungsrechts
- Begriffe und Aufgaben des Bauordnungsrechts
- Baugenehmigungsverfahren/Genehmigungsfreiheit
- Nachbarrechtsschutz

Vergaberecht

Kompetenzen

Die Auszubildenden kennen die wichtigsten rechtlichen Grundlagen des Vergaberechts. Weiterhin kennen und verstehen sie die grundsätzlichen Regelungen
des Vergaberechts und können diese bei der Ausschreibung und Vergabe als
Auftragnehmer bzw. an Nachunternehmen umsetzen.

Lernziele

rechtliche Grundlagen des Vergaberechts
- Gesetz gegen Wettbewerbsbeschränkungen (GWB)
- Vergabeordnung (VgV)
- Verdingungsordnung für Leistungen (VOL/A)
- Vertrags- und Vergabeordnung für Bauleistungen (VOB/A)
- Verdingungsordnung für freiberufliche Dienstleistungen (VOF)

Aufgaben und Anwendungsbereiche des Vergaberechts

Arten der Vergabe

Abläufe von Vergabeverfahren

Vertragsarten

Übungen zu den Themen
- Ausschreibung und Vergabe an Nachunternehmer
- Ausschreibungen und Vergabe als Auftragnehmer

Bauvertragsrecht

Kompetenzen

Die Auszubildenden kennen die rechtlichen Grundlagen des Bauvertragsrechts. Des Weiteren besitzen sie ein breites Spektrum an Theorie- und Faktenwissen im Bauvertragsrecht, das ihnen ermöglicht Vertragsgrundlagen, zu verstehen, in der Ausführungsphase bei der Koordination zu unterstützen, Abrechnungen selbstständig vorzubereiten, die Dokumentation rechtlich richtig zu erstellen sowie Abnahmen durchzuführen.

Lernziele

rechtliche Grundlagen des Vertragsrechts
- Vertrags- und Vergabeordnung für Bauleistungen (VOB/B und VOB/C)
- Bürgerliches Gesetzbuch (BGB)

Zustandekommen von Verträgen

Vertragsgestaltung nach BGB und VOB/B

Leistungspflichten der Vertragspartner

Abrechnung von Bauleistungen, auch von geänderten Leistungen

Nachträge

Baumängel

rechtssichere Dokumentation/Schriftverkehr

Abnahmen
- Abnahmeformen
- Vorbereitung, Durchführung und Dokumentation
- Folgen der Abnahme

Gewährleistung
- Rechte und Pflichten
- Anspruchsprüfung

Lieferantenverträge
- Rechte und Pflichten
- Anspruchsprüfung

Arbeits- und Gesundheitsschutz

Kompetenzen

Die Auszubildenden kennen die wichtigsten rechtlichen Grundlagen des Arbeits- und Gesundheitsschutzes. Sie besitzen ein Grundlagenwissen zur Prävention von Unfällen und können in Notfallsituationen richtig handeln.

Lernziele

rechtliche Grundlagen des Arbeits- und Gesundheitsschutzes
- Baustellenverordnung (BaustellV)
- Regeln zum Arbeitsschutz auf Baustellen (RAB)
- Unfallverhütungsvorschriften (UVV BGV)
- Vorgaben des Arbeitsschutzgesetzes (ArbschG)
- Vorgaben der Arbeitsstättenverordnung (ArbStättV)

Unfallursachen und Gefährdungen auf Baustellen

Methoden und Grundlagen zur Förderung des Arbeits- und Gesundheitsschutzes

Baustellenspezifische Sicherheitsvorschriften

Umgang mit Notfallsituationen

Umweltschutz

Kompetenzen

Die Auszubildenden kennen die wichtigsten rechtlichen Grundlagen des Umweltschutzes. Des Weiteren besitzen sie ein Grundlagenwissen zum Umgang mit Baustoffen, Gefahrstoffen und Abfällen.

Lernziele

rechtliche Grundlagen des Umweltschutzes
- Bundes-Bodenschutzgesetz (BBodSchG)
- Wasserhaushaltsgesetz (WHG)
- Kreislaufwirtschaftsgesetz (KrWG)
- Gefahrstoffverordnung (GefStoffV)

Grundlagen des Umweltschutzes

Grundlagen zum Umgang mit Abfällen

Umgang mit Gefahrstoffen und Produkten, von denen Gefahren ausgehen können

Zum Anwendungsbereich elektronischer Informationsverarbeitungssoftware in der Ausbildung, also zum Lernbereich *BAUINFORMATIK*, gehören die vier Lernfelder:

Standard-Büro-Software

Kompetenzen

Die Auszubildenden sollen die Standardsoftware-Lösungen des beruflichen Alltags kennen und verwenden können. Speziell die Nutzung des Internets als Informationsquelle, E-Mail-Software zur Kommunikation sowie Tabellen- und Textverarbeitungsprogramme zur Unterstützung bei der Korrespondenz, Kalkulation oder Erstellung von Berichten, Schriftverkehr und Protokollen.

Lernziele

Nutzung des Internets zur Recherche

Kommunizieren per E-Mail

Termine verwalten und Kalenderfunktionen nutzen (z. B. MS-Outlook)

Baudokumentation und Korrespondenz mithilfe von Textverarbeitungsprogrammen (z. B. MS-Word)

Anwendung von einem Tabellenkalkulationsprogramm (z. B. MS-Excel)

Planungs-Software

Kompetenzen

Die Auszubildenden sollen unterschiedliche Planungs-Software kennen und ein typisches CAD-Programm anwenden können. Insbesondere sollen sie mithilfe eines CAD-Programms einfache Aufgaben des Baustellenalltags bewältigen können.

Lernziele

Planungssoftware und ihre Funktionen
Grundbegriffe des CAD-Programms
Praxisübungen zur Bewältigung von unterschiedlichen Aufgaben mithilfe eines CAD-Programms

Projektmanagement-Software

Kompetenzen

Die Auszubildenden sollen einen Überblick über die verschiedene Software des Projektmanagements erhalten und MS-Project kennen und anwenden können. Darüber hinaus sollen sie mithilfe von MS-Project Aufgaben der Bauleitung im Rahmen der Arbeitsvorbereitung und Bauausführung bewältigen können.

Lernziele

Projektmanagement-Software im Überblick und ihre Ziele
Grundbegriffe zu MS-Project
Praxisübungen zur Terminplanung, Ressourcenplanung, Projektüberwachung und das Berichtswesen mithilfe von MS-Project

Kalkulations- und Abrechnungssoftware

Kompetenzen

Die Auszubildenden sollen verschiedene AVA-Programme kennen und anwenden können. Insbesondere sollen sie mithilfe eines AVA-Programms typische Aufgaben der Bauleitung im Rahmen der Ausschreibung, Vergabe und Bauausführung vor-bereiten können.

Lernziele

AVA-Programme und ihre Ziele

Grundbegriffe und Funktionen von AVA-Programmen

Praxisübungen zur Abwicklung der typischen Prozesse Ausschreibung, Vergabe und Abrechnung mithilfe einer Software

Als Voraussetzung für die vorgenannten vier Lernbereiche und ihre Lernfelder werden
nachfolgende sieben Lernbereiche als notwendiges Handwerkszeug bzw. als *Grundlage*
für die Ausbildung angesehen:

Errichtung von Bauwerken

Kompetenzen

Die Auszubildenden sollen den für die Ausbildung notwendigen Überblick über
die Berufspraxis erhalten.
Sie sollen die wichtigsten Begriffe zur Bauabwicklung kennen und verstehen.

Lernziele

Aufgaben, Funktion und Bedeutung der am Bau Beteiligten

Projektphasen der Bauabwicklung

**Definitionen und Erläuterungen grundlegender Begriffe aus der Bauab-
wicklung**

Einsatzformen von Bauunternehmen

Aufbauorganisation im Bauunternehmen

Aufgabenfelder der Bauleitung

angewandte technische Mathematik

Kompetenzen

Die Auszubildenden sollen die für die Berufspraxis notwendigen numerischen, algebraischen, geometrischen und statistischen Verfahren kennen und durch Anwendung geeigneter Methoden Ergebnisse gewinnen und interpretieren können.

Des Weiteren sollen sie die für den Berufsalltag notwendige Rechensicherheit erwerben und Rechenhilfen praxisgerecht einsetzen können.

Lernziele

Geometrie:
- Winkelmessungen
- Flächen- und Volumenberechnungen
- Schwerpunktlehre
- Trigonometrie
- Vektorrechnung

Funktionen und Gleichungen
- Potenzen
- Wurzeln
- Lineare und Quadratische Gleichungen

Lösen von Textaufgaben aus den unterschiedlichen Bereichen

Nutzung von Rechenhilfen (Taschenrechner, Tabellenkalkulation z. B. MS-Excel)

Finanzmathematik

Kompetenzen

Die Auszubildenden sollen die für die Berufspraxis notwendigen finanztechnischen Berechnungen kennen und durch Anwendung geeigneter Methoden Ergebnisse gewinnen und interpretieren können. Auch sollen sie die für den Berufsalltag notwendige Rechensicherheit erwerben und entsprechende Rechenhilfen praxisgerecht einsetzen können.

Lernziele

Dreisatz

Interpolation

Prozentrechnung

Zinsrechnung

Abschreibungen

Unterschiede und Anwendungsbereiche der verschiedenen Methoden zur Wirtschaftlichkeitsberechnung

- Kosten-Nutzen-Rechnung
- Amortisationsrechnung
- Kapitalwertmethode
- Annuitätenmethode
- Interne Zinsfuß-Methode

Lösen von Textaufgaben aus den unterschiedlichen Bereichen

Nutzung von Rechenhilfen (Taschenrechner, Tabellenkalkulation z. B. MS-Excel)

technisches Zeichnen

Kompetenzen

Die Auszubildenden sollen den geometrischen Aufbau von bautechnischen Objekten erfassen, in geeigneten Plänen darstellen und mit CAD-Programmen modellieren können. Des Weiteren sollen sie die enthaltenen geometrischen Informationen räumlich interpretieren und zur Konstruktion verwerten können.

Lernziele

Arten und Inhalte von Bauzeichnungen

allgemeine Zeichen, Symboliken, Kennzeichnungen und Begriffe von Bauzeichnungen

Papierformate und korrekte Papierfaltung

Normen und Richtlinien

Bemaßung

räumliches Vorstellungsvermögen trainieren

Skizzen per Hand erstellen

Skizzen mithilfe von CAD Software erstellen

Vermessungskunde

Kompetenzen

Die Auszubildenden kennen die Grundlagen zur Vermessungskunde. Zusätzlich sollen sie typische Vermessungsgeräte und Methoden der Bauvermessung kennen und verwenden können.

Lernziele

Maßeinheiten und -toleranzen/Genauigkeiten

Bezugssysteme

Vermessungsmethoden und -geräte in Theorie und Praxis

- Lagemessungen
- Höhenmessungen
- Koordinatenberechnungen

Absteckungsmethoden und -geräte in Theorie und Praxis

- Lageabsteckungen
- Höhenabsteckungen

Kommunikation

Kompetenzen

Die Auszubildenden sollen Informationsrecherchen zielorientiert durchführen können. Des Weiteren sollen sie mündlich wie schriftlich zielgruppenspezifisch, fachlich und rechtlich verständlich kommunizieren können, ebenso Berichte und Protokolle erstellen.

Lernziele

Kommunikation, Rhetorik und Präsentation in Theorie und Praxis

Informationen zielorientiert beschaffen, gegenüberstellen und bewerten

Texte aus der Berufspraxis verstehen und interpretieren

übliche Korrespondenz/Berichte/Protokolle sprachlich richtig sowie verständlich formulieren

mündlich, wie schriftlich zielgruppenorientiert korrekt und verständlich kommunizieren

Berichtswesen des Bauens

Kompetenzen

Die Auszubildenden sollen die unterschiedlichen Formen des internen und externen Berichtswesens kennen und ausführen können. Insbesondere sollen sie das Bautagebuch, die Stundenberichte und Leistungsmeldungen, Gesprächsnotizen und Protokolle, Fotodokumentationen sowie notwendige Schriftwechsel im Rahmen der VOB führen bzw. ausführen können.

Lernziele

Aufgaben, Formen und Ziele des Berichtswesens bei Bauprojekten

Korrespondenz und Schriftwechsel fachlich, sachlich und korrekt führen

Gesprächsnotizen und Protokolle sachlich und fachlich richtig anfertigen

Fotodokumentationen zur Beweissicherung führen

Aufstellung von Leistungsmeldungen

Inhalte, Form und Ausführung des Bautagebuchs

Aus den geschaffenen Lernfeldern und Lernzielen der Assistenz der Bauleitung ergibt sich im folgenden Unterkapitel das modulare Qualifizierungssystem der Assistenz der Bauleitung.

5.3.7 modulares Qualifizierungssystem Assistenz der Bauleitung

Der modulare Aufbau des Qualifizierungssystems ist mit dem letzten Kapitel weitestgehend vorgegeben und stellt sich in der Übersicht wie folgt dar:

	Lernfeld-Nr.	Titel Lernfeld
GRUNDLAGEN	01.A	Errichtung von Bauwerken
	01.B	angewandte technische Mathematik
	01.C	Finanzmathematik
	01.D	technisches Zeichnen
	01.E	Vermessungskunde
	01.F	Kommunikation
	01.G	Berichtswesen des Bauens
RECHT	02.A	öffentliches Baurecht
	02.B	Vergaberecht
	02.C	Bauvertragsrecht
	02.D	Arbeits- und Gesundheitsschutz
	02.E	Umweltschutz
BAU-BETRIEB	03.A	Baustoffkunde
	03.B	Bauverfahrenstechnik
	03.C	Arbeitsplanung
	03.D	Qualitätsmanagement
BAU-BWL	04.A	betriebliches Rechnungswesen
	04.B	Baukalkulation
	04.C	Ausschreibung und Vergabe
	04.D	Bauabrechnung
BAU-INFOR-MATIK	05.A	Standard-Büro-Software
	05.B	Planungssoftware
	05.C	Projektmanagement-Software
	05.D	Kalkulations- und Abrechnungssoftware

Abbildung 36: Übersicht der Lernfelder

Es fehlt die notwendige Aufbaustruktur, also die logische Reihenfolge der einzelnen Module und der Zeitrichtwert. Aus den Lernfeldern ergeben sich gewisse „Zwänge". Zuerst einmal ist ein Überblick über die gängige Berufspraxis mit dem Lernfeld „Errichtung von Bauwerken" zu geben.

Im Folgenden sollten die mathematischen Grundlagen vermittelt werden. Vor dem Lernfeld „technisches Zeichnen", „Planungssoftware" sowie „Vermessungskunde" sollte die Basis des „öffentlichen Baurechts" vorhanden sein. Das Lernfeld „Standard-Büro-Software" sollte den Lernfeldern „Kommunikation" und „Berichtswesen des Bauens" vorangestellt sein und die Möglichkeiten aufzeigen. Das Lernfeld „Bauvertragsrecht" und „Umweltschutz" ist Voraussetzung für die Lernfelder 03.A bis 03.D und das Lernfeld „Projektmanagement-Software" sollte diesen Bereich abrunden. Das Lernfeld „Arbeits- und Gesundheitsschutz" sollte dem Lernfeld 03 (Baubetrieb) folgen oder vorangestellt sein. Die Lernfelder der Bau-BWL (04.A bis 04.D) sind entsprechend zu unterstützen durch das Lernfeld „Vergaberecht" und das Lernfeld „Kalkulations- und Abrechnungssoftware". Die Reihenfolge der einzelnen Lernfelder und Abhängigkeiten stellt sich aus der Perspektive der Autorin in der Übersicht entsprechen Abbildung 37 dar.

Die Dauer der beruflichen Ausbildung ist für die duale Ausbildung in der Ausbildungs- und Prüfungsordnung Berufskolleg (APO-BK) geregelt, sie beträgt nach § 4 APO-BK in der Regel drei Jahre, und der Unterricht umfasst 480 Jahresstunden (§ 5 APO-BK), welche ebenfalls im Blockunterricht[122] erteilt werden können. Aus § 29 APO-BK ergeben sich die ergänzenden Vorschriften für die Bildungsgänge der Berufsschule aus Anlage A. Berücksichtigung findet Anlage A 1 für Fachklassen des dualen Systems der Berufsausbildung, Berufsausbildung nach dem BBiG oder der HwO, alle weiteren Anlagen vermitteln zusätzliche Qualifikation.

---

122   Nach § 5 (4) APO-BK liegt Blockunterricht vor, wenn an fünf Unterrichtstagen in einer Woche Unterricht erteilt wird.

Lernfeld - Nr.	Titel Lernfeld
01.A	Errichtung von Bauwerken
01.B	angewandte technische Mathematik
01.C	Finanzmathematik
02.A	Öffentliches Baurecht
01.D	technisches Zeichnen
05.B	Planungssoftware
01.E	Vermessungskunde
05.A	Standard-Büro-Software
01.F	Kommunikation
01.G	Berichtswesen des Bauens
02.C	Bauvertragsrecht
02.E	Umweltschutz
03.A	Baustoffkunde
03.B	Bauverfahrenstechnik
03.C	Arbeitsplanung
03.D	Qualitätsmanagement
05.C	Projektmanagement-Software
02.D	Arbeits- und Gesundheitsschutz
04.A	betriebliches Rechnungswesen
04.B	Baukalkulation
02.B	Vergaberecht
04.C	Ausschreibung und Vergabe
04.D	Bauabrechnung
05.D	Kalkulations- und Abrechnungssoftware

Abbildung 37: Reihenfolge der Lernfelder in ihren Abhängigkeiten

Die Rahmenstundentafeln nach der APO-BK sind aufgeteilt in drei Lernbereiche

- berufsbezogener Lernbereich

- Differenzierungsbereich
  (zusätzliches Unterrichtsangebot, das von den Berufsschulen bereitgestellt werden kann, damit der qualifizierte Schüler zusätzlich die Fachhochschulreifeprü-
  fung ablegen kann)

- berufsübergreifender Lernbereich
  (dient der allgemeinen Bildung)

Die im oberen Teil ermittelten Lernfelder beziehen sich also auf den berufsbezogenen
Lernbereich gemäß der Rahmenstundentafel, die sich nach Anlage A 1 der APO-BK wie
folgt darstellt:

	Unterrichtsstunden			
	1. Jahr	2. Jahr	3. Jahr	Summe
berufsbezogener Lernbereich				
Summe:	280-320	280-320	280-320	840-960
Differenzierungsbereich				
Summe	0-40	0-40	0-40	0-120
berufsübergreifender Bereich				
Deutsch/Kommunikation	40	40	40	120
Religionslehre	40	40	40	120
Sport/Gesundheitsförderung	40	40	40	120
Politik/Gesellschaftslehre	40	40	40	120
Summe:	160	160	160	480
Gesamtstundenzahl:	480	480	480	1440

Abbildung 38: Rahmenstundentafel gemäß Anlage A 1 APO-BK

Im Rahmen des modularen Qualifizierungssystems dürfen demnach zwischen 280-320 Unterrichtsstunden pro Ausbildungsjahr verwendet werden.

Die Zeitrichtwerte der einzelnen Lernfelder wurden von der Autorin auf Basis der jeweiligen Lernziele und der eigenen Lehrerfahrung geschätzt. Eine Gewichtung wie sie z. B. in Mieth[123] vorgenommen wurde, ist nicht möglich, da der Beruf bzw. die Übernahme des Aufgabenspektrums in der Form bisher nicht existiert. Und da von ihr die Aufgabenfelder der Phasen Akquise und Angebotsbearbeitung bewusst vernachlässigt wurden und davon auszugehen ist, dass die Gewichtung sich von der Führungsebene auf die Ebene der Assistenz der Bauleitung deutlich verschieben wird.

Es ergeben sich drei Blöcke mit je 320 Unterrichtsstunden, die sich wie in Abbildung 39 darstellen.

Unter Zugrundelegung der Unterrichtsform Blockunterricht und der maximalen Einheit von 8 Unterrichtsstunden pro Unterrichtstag (nach § 5 Abs. 1 APO-BK) ergibt sich eine Blockunterrichtsdauer von 8 Wochen für die Assistenz der Bauleitung.

Die vollständige Zusammenfassung folgt im nächsten Kapitel mit dem Modulhandbuch.

123   Vgl.: MIETH, PETRA: Weiterbildung des Personals als Erfolgsfaktor der strategischen Unternehmensplanung in Bauunternehmen. Kassel: Kassel Univ. Press, 2007, S. 77 - 99

Lernfeld -Nr.	Titel Lernfeld	Zeitricht- werte
Block 1	**Fundament Bau**	**320**
01.A	Errichtung von Bauwerken	30
01.B	angewandte technische Mathematik	40
01.C	Finanzmathematik	30
02.A	öffentliches Baurecht	50
01.D	technisches Zeichnen	40
05.B	Planungssoftware	40
01.E	Vermessungskunde	40
05.A	Standard-Büro-Software	50
Block 2	**Baubetrieb**	**320**
01.F	Kommunikation	30
01.G	Berichtswesen des Bauens	20
02.C	Bauvertragsrecht	30
02.E	Umweltschutz	20
03.A	Baustoffkunde	50
03.B	Bauverfahrenstechnik	50
03.C	Arbeitsplanung	60
03.D	Qualitätsmanagement	20
05.C	Projektmanagement-Software	40
Block 3	**Bau-BWL/Arbeitssicherheit**	**320**
02.D	Arbeits- und Gesundheitsschutz	40
04.A	betriebliches Rechnungswesen	40
04.B	Baukalkulation	60
02.B	Vergaberecht	40
04.C	Ausschreibung und Vergabe	40
04.D	Bauabrechnung	60
05.D	Kalkulations- und Abrechnungssoftware	40
Gesamt		**960**

Abbildung 39: Übersicht der Unterrichtsblöcke

5.3.8 Modulhandbuch

Modul-
handbuch

Assistenz der Bauleitung

modulares
Qualifizierungssystem

Modulhandbuch

Inhaltsverzeichnis

Modulhandbuch — Assistenz der Bauleitung

ÜBERSICHT DER LERNFELDER

	Nr.	Titel	Zeitrichtwert
GRUNDLAGEN	01.A	Errichtung von Bauwerken	20
	01.B	angewandte technische Mathematik	40
	01.C	Finanzmathematik	30
	01.D	technisches Zeichnen	40
	01.E	Vermessungskunde	40
	01.F	Kommunikation	30
	01.G	Berichtswesen des Bauens	20
RECHT	02.A	öffentliches Baurecht	50
	02.B	Vergaberecht	40
	02.C	Bauvertragsrecht	30
	02.D	Arbeits- und Gesundheitsschutz	40
	02.E	Umweltschutz	20
BAUBETRIEB	03.A	Baustoffkunde	50
	03.B	Bauverfahrenstechnik	50
	03.C	Arbeitsplanung	60
	03.D	Qualitätsmanagement	20
BAU-BWL	04.A	betriebliches Rechnungswesen	40
	04.B	Baukalkulation	60
	04.C	Ausschreibung und Vergabe	40
	04.D	Bauabrechnung	60
BAUINFORMATIK	05.A	Standard-Büro-Software	50
	05.B	Planungssoftware	40
	05.C	Projektmanagement-Software	40
	05.D	Kalkulations- und Abrechnungssoftware	40

Modulhandbuch

ÜBERSICHT DER MODULE

Nr.	Titel	Zeitrichtwert
FUNDAMENT BAU		**320**
01.A	Errichtung von Bauwerken	20
01.B	angewandte technische Mathematik	40
01.C	Finanzmathematik	30
02.A	öffentliches Baurecht	50
01.D	technisches Zeichnen	40
05.B	Planungssoftware	40
01.E	Vermessungskunde	40
05.A	Standard-Büro-Software	50
BAUBETRIEB		**320**
01.F	Kommunikation	30
01.G	Berichtswesen des Bauens	20
02.C	Bauvertragsrecht	30
02.E	Umweltschutz	20
03.A	Baustoffkunde	50
03.B	Bauverfahrenstechnik	50
03.C	Arbeitsplanung	60
03.D	Qualitätsmanagement	20
05.C	Projektmanagement-Software	40
BAU-BWL / ARBEITSSICHERHEIT		**320**
02.D	Arbeits- und Gesundheitsschutz	40
04.A	betriebliches Rechnungswesen	40
04.B	Baukalkulation	60
02.B	Vergaberecht	40
04.C	Ausschreibung und Vergabe	40
04.D	Bauabrechnung	60
05.D	Kalkulations- und Abrechnungssoftware	40

BLOCK 1 · BLOCK 2 · BLOCK 3

Modulhandbuch

L 01 | GRUNDLAGEN

Kompetenzen:

Die Aus- und Weiterzubildenden sollen den für die Aus- bzw. Weiterbildung notwendigen Überblick über die Berufspraxis erhalten und Methoden und Techniken zur Bewältigung des Berufsalltags und der weiteren Lernfelder 02.A bis 05.D erlernen.

Lernfelder

L 01.A	Errichtung von Bauwerken
L 01.B	angewandte technische Mathematik
L 01.C	Finanzmathematik
L 01.D	technisches Zeichnen
L 01.E	Vermessungskunde
L 01.F	Kommunikation
L 01.G	Berichtswesen des Bauens

Unterrichtsstunden: 220

Modulhandbuch

L 01.A | Errichtung von Bauwerken

Kompetenzen:

Die Aus- und Weiterzubildenden sollen den für die Aus- bzw. Weiterbildung notwendigen Überblick über die Berufspraxis erhalten.

Sie sollen die wichtigsten Begriffe zur Bauabwicklung kennen und verstehen.

Lernziele:

- Aufgaben, Funktion und Bedeutung der am Bau Beteiligten
- Projektphasen der Bauabwicklung
- Definitionen und Erläuterungen grundlegender Begriffe aus der Bauabwicklung
- Einsatzformen von Bauunternehmen
- Aufbauorganisation im Bauunternehmen
- Aufgabenfelder der Bauleitung

Unterrichtsstunden: 20

Modulhandbuch

L 01.B | angewandte technische Mathematik

Kompetenzen:

Die Aus- und Weiterzubildenden sollen die für die Berufspraxis notwendigen numerischen, algebraischen, geometrischen und statistischen Verfahren kennen und durch Anwendung geeigneter Methoden Ergebnisse gewinnen und interpretieren können.

Des Weiteren sollen sie die für den Berufsalltag notwendige Rechensicherheit erwerben und Rechenhilfen praxisgerecht einsetzen können.

Lernziele:

- Geometrie:
  - Winkelmessungen
  - Flächen- und Volumenberechnungen
  - Schwerpunktlehre
  - Trigonometrie
  - Vektorrechnung
- Funktionen und Gleichungen
  - Potenzen
  - Wurzeln
  - Lineare und quadratische Gleichungen
- Lösen von Textaufgaben aus den unterschiedlichen Bereichen
- Nutzung von Rechenhilfen (Taschenrechner und Tabellenkalkulation z. B. MS-Excel)

Unterrichtsstunden: 40

Modulhandbuch

**Assistenz
der Bauleitung**

L 01.C | Finanzmathematik

Kompetenzen:

Die Aus- und Weiterzubildenden sollen die für die Berufspraxis notwendigen finanztechnischen Berechnungen kennen und durch Anwendung geeigneter Methoden Ergebnisse gewinnen und interpretieren können.

Auch sollen sie die für den Berufsalltag notwendige Rechensicherheit erwerben und entsprechende Rechenhilfen praxisgerecht einsetzen können.

Lernziele:

- Dreisatz
- Interpolation
- Prozentrechnung
- Zinsrechnung (einfache Verzinsung und Zinseszins)
- Abschreibungen
- Anwendungsbereiche und Unterschiede der Methoden zur Wirtschaftlichkeitsberechnung (Kosten-Nutzen-Rechnung, Amortisationsrechnung, Kapitalwertmethode, Annuitätenmethode, Interne Zinsfuß-Methode)
- Lösen von Textaufgaben aus den unterschiedlichen Bereichen
- Nutzung von Rechenhilfen (Taschenrechner und Tabellenkalkulation z. B. MS-Excel)

Unterrichtsstunden: 30

Seite 7

Modulhandbuch

L 01.D | technisches Zeichnen

Kompetenzen:

Die Aus- und Weiterzubildenden sollen den geometrischen Aufbau von bautechnischen Objekten erfassen, in geeigneten Plänen darstellen und mit CAD-Programmen modellieren können.

Des Weiteren sollen sie die enthaltenen geometrischen Informationen räumlich interpretieren und zur Konstruktion verwerten können.

Lernziele:

* Arten und Inhalte von Bauzeichnungen
* allgemeine Zeichen, Symboliken, Kennzeichnungen und Begriffe von Bauzeichnungen
* Papierformate und korrekte Papierfaltung
* Normen und Richtlinien
* Bemaßung
* räumliches Vorstellungsvermögen trainieren
* Skizzen per Hand erstellen
* Skizzen mithilfe von CAD-Software erstellen

Unterrichtsstunden: 40

Modulhandbuch

L 01.E | Vermessungskunde

Kompetenzen:

Die Aus- und Weiterzubildenden kennen die Grundlagen zur Vermessungskunde.

Zusätzlich sollen sie typische Vermessungsgeräte und Methoden der Bauvermessung kennen und verwenden können.

Lernziele:

- Maßeinheiten und -toleranzen/Genauigkeiten
- Bezugssysteme
- Vermessungsmethoden und -geräte in Theorie und Praxis
  - Lagemessungen
  - Höhenmessungen
  - Koordinatenberechnungen
- Absteckungsmethoden und -geräte in Theorie und Praxis
  - Lageabsteckungen
  - Höhenabsteckungen

Unterrichtsstunden: 40

Modulhandbuch

Assistenz der Bauleitung

L 01.F | Kommunikation

Kompetenzen:

Die Aus- und Weiterzubildenden sollen Informationsrecherchen zielorientiert durchführen können.

Des Weiteren sollen sie mündlich wie schriftlich zielgruppenspezifisch, fachlich und rechtlich verständlich kommunizieren können, ebenso Berichte und Protokolle erstellen.

Lernziele:

- Kommunikation, Rhetorik und Präsentation in Theorie und Praxis
- Informationen zielorientiert beschaffen, gegenüberstellen und bewerten
- Texte aus der Berufspraxis verstehen und interpretieren
- übliche Korrespondenz/Berichte/Protokolle sprachlich, fachlich und sachlich richtig sowie verständlich formulieren
- mündlich, wie schriftlich zielgruppenorientiert korrekt und verständlich kommunizieren

Unterrichtsstunden: 30

Modulhandbuch

L 01.G | Berichtswesen des Bauens

Kompetenzen:

Die Aus- und Weiterzubildenden sollen die unterschiedlichen Formen des internen und externen Berichtswesens kennen und ausführen können.

Insbesondere sollen sie das Bautagebuch, die Stundenberichte und Leistungsmeldungen, Gesprächsnotizen und Protokolle, Fotodokumentationen sowie notwendige Schriftwechsel im Rahmen der VOB führen bzw. ausführen können.

Lernziele:

- Aufgaben, Formen und Ziele des Berichtswesens bei Bauprojekten
- Korrespondenz und Schriftwechsel fachlich, sachlich und korrekt führen
- Gesprächsnotizen und Protokolle sachlich und fachlich richtig anfertigen
- Fotodokumentationen zur Beweissicherung führen
- Aufstellung von Leistungsmeldungen
- Inhalte, Form und Ausführung des Bautagebuchs

Unterrichtsstunden: 20

Modulhandbuch

Assistenz
der Bauleitung

L 02 | RECHT

Kompetenzen:

Die Aus- und Weiterzubildenden sollen einen Überblick über die rechtlichen Rahmenbedingungen zur Errichtung eines Bauwerks erhalten.

Des Weiteren sollen sie die Grundlagen des Vergabe- und Vertragsrechts wiedergeben und anwenden können sowie auf dieser Basis und der rechtlichen Grundlagen zur Abrechnung der Ingenieure und Architekten wie auch der Lieferantenverträge abrechnen können.

Regelungen zum Arbeits-, Gesundheits- und Umweltschutz sollen angewendet werden.

Lernfelder:

L 02.A   öffentliches Baurecht

L 02.B   Vergaberecht

L 02.C   Bauvertragsrecht

L 02.D   Arbeits- und Gesundheitsschutz

L 02.E   Umweltschutz

Unterrichtsstunden: 180

Seite 12

Modulhandbuch

Assistenz der Bauleitung

L 02.A | öffentliches Baurecht

Kompetenzen:

Die Aus- und Weiterzubildenden kennen die wichtigsten Rechtsquellen des öffentlichen Baurechts.

Sie kennen und verstehen die Instrumente des Bauplanungs- und Bauordnungsrechts.

Lernziele:

- Rechtsquellen des öffentlichen Rechts
    - Baugesetzbuch (BauGB)
    - Baunutzungsverordnung (BauNVO)
    - Landesbauordnungen der Länder (NRW: BauO NRW)
- Instrumente des Bauplanungsrechts
    - Bauleitplanung (Flächennutzungsplan/Bebauungsplan)
    - Erschließung
- Regelungen des Bauordnungsrechts
    - Begriffe und Aufgaben des Bauordnungsrechts
    - Baugenehmigungsverfahren/Genehmigungsfreiheit
    - Nachbarrechtsschutz

Unterrichtsstunden: 50

Seite 13

Modulhandbuch

**Assistenz
der Bauleitung**

L 02.B | Vergaberecht

Kompetenzen:

Die Aus- und Weiterzubildenden kennen die wichtigsten rechtlichen Grundlagen des Vergaberechts.

Weiterhin kennen und verstehen sie die grundsätzlichen Regelungen des Vergaberechts und können diese bei der Ausschreibung und Vergabe als Auftragnehmer bzw. an Nachunternehmen umsetzen.

Lernziele:

- rechtliche Grundlagen des Vergaberechts
  - Gesetz gegen Wettbewerbsbeschränkungen (GWB)
  - Vergabeverordnung (VgV)
  - Verdingungsordnung für Leistungen (VOL/A)
  - Vertrags- und Vergabeordnung für Bauleistungen (VOB/A)
  - Verdingungsordnung für freiberufliche Dienstleistungen (VOF)
- Aufgaben und Anwendungsbereiche des Vergaberechts
- Arten der Vergabe
- Abläufe von Vergabeverfahren
- Vertragsarten
- Übungen zu den Themen
  - Ausschreibung und Vergabe an Nachunternehmer
  - Ausschreibung und Vergabe als Auftragnehmer

Unterrichtsstunden: 40

Seite 14

Modulhandbuch

Assistenz der Bauleitung

L 02.C | Bauvertragsrecht

Kompetenzen:

Die Aus- und Weiterzubildenden kennen die rechtlichen Grundlagen des Bauvertragsrechts.

Des Weiteren besitzen sie ein breites Spektrum an Theorie- und Faktenwissen im Bauvertragsrecht, das ihnen ermöglicht, Vertragsgrundlagen zu verstehen, in der Ausführungsphase bei der Koordination zu unterstützen, Abrechnungen selbstständig vorzubereiten, die Dokumentation rechtlich richtig zu erstellen sowie Abnahmen durchzuführen.

Lernziele:

- rechtliche Grundlagen des Vertragsrechts
  - Vertrags- und Vergabeordnung für Bauleistungen (VOB/B und VOB/C)
  - Bürgerliches Gesetzbuch (BGB)
- Zustandekommen von Verträgen/Vertragsgestaltung (BGB/VOB)
- Leistungspflichten der Vertragspartner
- Abrechnung von Bauleistungen/Abrechnung geänderter Leistungen
- Nachträge
- Qualitätsmanagement/Baumängel/Mängelrüge
- rechtssichere Dokumentation/Schriftverkehr
- Abnahmen (Abnahmeformen/Vorbereitung, Durchführung und Dokumentation/Folgen der Abnahme)
- Gewährleistung (Rechte und Pflichten/Anspruchsprüfung)
- Lieferantenverträge (Rechte und Pflichten/Rechnungsprüfung)

Unterrichtsstunden: 30

Seite 15

Modulhandbuch

L 02.D | Arbeits- und Gesundheitsschutz

Kompetenzen:

Die Aus- und Weiterzubildenden kennen die wichtigsten rechtlichen Grundlagen des Arbeits- und Gesundheitsschutzes.

Sie besitzen ein Grundlagenwissen zur Prävention von Unfällen und können in Notfallsituationen richtig handeln.

Lernziele:

- rechtliche Grundlagen des Arbeits- und Gesundheitsschutzes
    - Baustellenverordnung (BaustellV)
    - Regeln zum Arbeitsschutz auf Baustellen (RAB)
    - Unfallverhütungsvorschriften (UVV BGV)
    - Vorgaben des Arbeitsschutzgesetzes (ArbschG)
    - Vorgaben der Arbeitsstättenverordnung (ArbStättV)
- Unfallursachen und Gefährdungen auf Baustellen
- Methoden und Grundlagen zur Förderung des Arbeits- und Gesundheitsschutzes
- Baustellenspezifische Sicherheitsvorschriften
- Umgang mit Notfallsituationen

Unterrichtsstunden: 40

Modulhandbuch

L 02.E | Umweltschutz

Kompetenzen:

Die Aus- und Weiterzubildenden kennen die wichtigsten rechtlichen Grundlagen des Umweltschutzes.

Des Weiteren besitzen sie ein Grundlagenwissen zum Umgang mit Baustoffen, Gefahrstoffen und Abfällen.

Lernziele:

- rechtliche Grundlagen des Umweltschutzes
  - Bundes-Bodenschutzgesetz (BBodSchG)
  - Wasserhaushaltsgesetz (WHG)
  - Kreislaufwirtschaftsgesetz (KrWG)
  - Gefahrstoffverordnung (GefStoffV)
- Grundlagen des Umweltschutzes
- Grundlagen zum Umgang mit Abfällen
- Umgang mit Gefahrstoffen und Produkten, von denen Gefahren ausgehen können

Unterrichtsstunden: 20

Modulhandbuch

Assistenz der Bauleitung

L 03 | BAUBETRIEB

Kompetenzen:

Die Aus- und Weiterzubildenden sollen typische Baustoffe und Bauverfahren sowie deren Einsatzbereiche kennen und ein bautechnisches Grundverständnis besitzen und anwenden können.

Des Weiteren sollen Sie über Theorie- und Faktenwissen zur Mitarbeit bei der Arbeitsplanung, der Baustelleneinrichtung, dem Qualitätsmanagement sowie bei der Koordination des Ausführungsmanagements verfügen.

Bei der Abwicklung von Gewährleistungsansprüchen sollen Ansprüche dem Grunde nach geprüft und die Abwicklung unterstützt werden können.

Lernfelder:

L 03.A   Baustoffkunde

L 03.B   Bauverfahrenstechnik

L 03.C   Arbeitsplanung

L 03.D   Qualitätsmanagement

Unterrichtsstunden: 180

Modulhandbuch

L 03.A | Baustoffkunde

Kompetenzen:

Die Aus- und Weiterzubildenden sollen die typischen Baustoffe, deren Eigenschaften und Anwendungsbereiche kennen und deren fachgerechten Einsatz bewerten können.

Weiterhin sollen sie Anfragen zur Angebotsabgabe fachlich richtig führen und bei der Ausschreibung und Vergabe von Nachunternehmerleistungen bzw. Lieferanten mitarbeiten sowie beim Qualitätsmanagement unterstützen können.

Lernziele:

- Baustoffkenngrößen
    - Masse, Kraft, Dichte,
    - Porigkeit,
    - Formänderungen,
    - Festigkeit, Härte,
    - Reibung, Verschleiß, Bruchverhalten
- Eigenschaften, Anwendungsbereiche und Verarbeitung von
    - Beton/Stahlbeton
    - Bindemittel
    - Dämmstoffe
    - Holz
    - Mauerwerk
    - Mörtel und Estrich
    - Stahl

Unterrichtsstunden: 50

Modulhandbuch

L 03.B | Bauverfahrenstechnik

Kompetenzen:

Die Aus- und Weiterzubildenden sollen bautechnische Verfahren, Konstruktionen, Baumaschinen und Geräte sowie deren Einsatzmöglichkeiten kennen und fachgerecht einsetzen können. Sie sollen eine Leistungsbilanz erstellen und Aufwandswerte berechnen können sowie die Erfordernisse der Wartung von Baumaschinen und Geräten kennen.

Darüber hinaus sollen sie über Theorie- und Faktenwissen zur Beurteilung von typischen Konstruktionen sowie zur Mitwirkung bei der Überwachung des Arbeits- und Gesundheitsschutzes verfügen.

Lernziele:

- Art und Einsatzmöglichkeiten von Baumaschinen und Geräten
- Systeme der Baukonstruktion
- Fertigungsverfahren im Grundbau
  - Baugrubenerstellung
  - Bodenverbesserung
- Fertigungsverfahren im Beton- und Mauerwerksbau
  - Mauerwerk
  - Beton/Bewehrung
  - Schalungen
- Arbeits- und Schutzgerüste

Unterrichtsstunden: 50

Modulhandbuch

L 03.C | Arbeitsplanung

Kompetenzen:

Die Aus- und Weiterzubildenden sollen die Notwendigkeit und Vorgehensweisen bei der Arbeitsvorbereitung sowie den Prozess der Arbeitsplanung und Baustellenorganisation verstehen und bei diesem eigenständig mitwirken können.

Insbesondere sollen sie die Organisation der Planungs- und Ausführungsunterlagen sowie die Beschaffung und Koordination von Geräten und Materialien übernehmen sowie die Aktualisierung der Arbeitspläne ausführen können.

Des Weiteren sollen sie die Baustelleneinrichtung und -räumung selbstständig planen und organisieren können und über Theorie- und Faktenwissen zur Lokalisierung einer sinnvollen Zerlegung der Bauaufgabe bzw. Ausführungsfolgen sowie zur Vorbereitung von Logistikkonzepten verfügen.

Lernziele:

- Sinn und Zweck der Arbeitsvorbereitung
- Aufgaben, Grundlagen und Randbedingungen der Ablaufplanung (Stufen und Darstellungsformen)
- Bauzeitplanung (Grundlagen und Darstellungsformen)
- Bauweise (sinnvolle Zerlegung der Bauaufgabe/Ausführungsfolgen)
- Baustelleneinrichtung/-räumung (Einflussfaktoren/Bestandteile/ Vorgehensweise)
- Logistikkonzept (Baustelleninfrastruktur/-sicherheit/Ver- und Entsorgung/ Lagerplatzmanagement)
- Praxisübungen
  - Ablaufplanung mit unterschiedlichen Darstellungsformen
  - Bauzeitenplanung
  - Baustelleneinrichtungsplan

Unterrichtsstunden: 60

Modulhandbuch

Assistenz der Bauleitung

L 03.D | Qualitätsmanagement

Kompetenzen:

Die Aus- und Weiterzubildenden sollen die Grundlagen des Qualitätsmanagements kennen. Sie sollen mithilfe von standardisierten Verfahrensabläufen, Methoden und Werkzeugen bei der Einhaltung von Qualitätsstandards bzw. -zielen mitwirken können.

Bei der Abwicklung von Mängeln oder Gewährleistungsansprüchen sollen sie organisierende und koordinierende Aufgaben übernehmen können.

Zusätzlich sollen sie befähigt werden, die Kommunikation und Dokumentation im Bauprojekt sachlich richtig darzustellen.

Lernziele:

- Begriffe und Definitionen des Qualitätsmanagements
- Einhaltung von Qualitätszielen und -standards
- sachliche Dokumentation und Kommunikation im Bauprojekt
- Abwicklung der Mängelbeseitigung während der Bauausführung
- Abwicklung von Gewährleistungsansprüchen

Unterrichtsstunden: 20

Seite 22

Modulhandbuch

L 04 | BAU-BWL

Kompetenzen:

Die Aus- und Weiterzubildenden sollen Zuarbeiten bei der Angebotserstellung sowie Abrechnungen erledigen und das Baucontrolling von Bauvorhaben bis zu einer mittleren Größe norm- und fachgerecht durchführen können.

Darüber hinaus sollen sie das Berichtswesen sachlich und fachlich richtig umsetzen können.

Lernfelder:

L 04.A   betriebliches Rechnungswesen

L 04.B   Baukalkulation

L 04.C   Ausschreibung und Vergabe

L 04.D   Bauabrechnung

Unterrichtsstunden: 180

Seite 23

Modulhandbuch

L 04.A | betriebliches Rechnungswesen

Kompetenzen:

Die Aus- und Weiterzubildenden sollen Kenntnisse von Fakten, Grundsätzen, Verfahren und allgemeinen Begriffen des internen und externen betrieblichen Rechnungswesens als Basis für die Baukalkulation, Bauabrechnung und zur Ausschreibung und Vergabe erhalten.

Des Weiteren sollen sie den Zweck der Kosten-Leistungsrechnung verstehen und diese anwenden können.

Lernziele:

- Grundlagen der Volks- und Betriebswirtschaft
    - Angebot und Nachfrage
    - Markt- und Unternehmensformen
    - Preisbildung
    - Angebotsstrategien
    - Begriffe (Ein-/Auszahlungen; Einnahmen/Ausgaben; Ertrag/ Aufwand; Kosten/Leistung; Umsatz/Erlös; Steuern; Nachlässe)
- Einblicke in das externe Rechnungswesen
    - Baukontenrahmen
    - Bilanz
    - Abschreibung
- Überblick über das Interne Rechnungswesen (KLR)
    - Zweck der KLR
    - Regelung der KLRBau
- Praxisübungen zur Baubetriebsrechnung

Unterrichtsstunden: 40

Modulhandbuch

L 04.B | Baukalkulation

Kompetenzen:

Die Aus- und Weiterzubildenden sollen über ein Theorie- und Faktenwissen verfügen, um vorbereitende und unterstützende Tätigkeiten bei der Angebotskalkulation sowie bei der Fortschreibung der Kalkulation in der Bauausführungsphase übernehmen zu können.

Lernziele:

- Ziele und Grundlagen der Baukalkulation
- Kostenarten
- Aufwands- und Leistungswerte
- Baukalkulationsverfahren im Überblick
- Grundlagen, Elemente und Vorgehensweisen bei der
  Angebotskalkulation unter Nutzung verschiedener Verfahren
- Zweck und Vorgehensweisen bei der Nachkalkulation
- Praxisübungen:
    - Angebotserstellung auf Basis eines gegeben Sachverhalts
      sowohl händisch, als auch mithilfe der entsprechenden Software
    - Übernahme von Änderungen in der Ausführungsphase mithilfe
      der entsprechenden Software

Unterrichtsstunden: 60

Modulhandbuch

**Assistenz
der Bauleitung**

L 04.C | Ausschreibung und Vergabe

Kompetenzen:

Die Aus- und Weiterzubildenden sollen über das notwendige Theorie- und Faktenwissen zur Mitarbeit bei der Ausschreibung und Vergabe an Lieferanten und an Nachunternehmerleistungen verfügen.

Insbesondere sollen sie bei der Erstellung einer bauvertragskonformen Leistungsbeschreibung mitwirken, Ausschreibungsunterlagen zusammenstellen und vorbereitende Tätigkeiten zur Auswertung der Angebote übernehmen können.

Sie sollen bei der Erstellung von Ausschreibungsunterlagen für Lieferanten mithelfen, Auswertungen der Angebote vorbereiten und Entscheidungsvorlagen zur Auswahl erarbeiten können.

Lernziele:

- Elemente und Vorgehensweisen bei der Ausschreibung von Leistungen
  - wichtige Schritte bei der Ausschreibung von Leistungen
  - Angebotsunterlagen erstellen
- Leistungsverzeichnis (LV)
  - Begriffe im Zusammenhang mit dem LV
  - Aufbau eines LVs
  - Standardleistungsbuch
  - Praxisübungen: Erstellung von einfachen Leistungsverzeichnissen
- Methoden und Verfahren zur Auswertung von Angeboten in Theorie und Praxis

Unterrichtsstunden: 40

Modulhandbuch

L 04.D | Bauabrechnung

Kompetenzen:

Die Aus- und Weiterzubildenden sollen über ein Theorie- und Faktenwissen verfügen, mit dem sie Bauleistungen erfassen, Aufmaße erstellen sowie Vorprüfungen von Rechnungen von Nachunternehmern und Lieferanten vornehmen, aber auch Abrechnungen unterschriftsreif vorbereiten können.

Lernziele:

- Prüfung von Nachunternehmerrechnungen
  - Inhalte einer prüffähigen Rechnung
  - Ablauf und Vorgehensweise in Theorie und Praxis
- Prüfung von Lieferantenrechnungen
- Grundlage und Vorgehensweise bei der Rechnungsstellung an den Auftraggeber
  - Grundlagen der Abrechnung
    (Vertragstypen, Kostenarten, Leistungsermittlung)
  - prüffähige Rechnung
  - Notwendigkeit der Abnahme bei Bauleistungen
  - Vorgehensweise bei Mengenänderungen
  - Praxisübungen: Prüffähige Rechnung mit allen Vorarbeiten am Beispiel erstellen
- Nachtragsmanagement

Unterrichtsstunden: 60

Modulhandbuch

L 05 | BAUINFORMATIK

Kompetenzen:

Die Aus- und Weiterzubildenden sollen Aufbau, Anwendungsbereiche und Einsatzmöglichkeiten elektronischer Informationsverarbeitungssoftware kennen, Informationen auf elektronischem Wege beschaffen und weiterleiten sowie Standardsoftware zur Lösung von Aufgaben in ihrem Berufsalltag auswählen und anwenden können.

Lernfelder:

L 05.A   Standard-Büro-Software

L 05.B   Planungssoftware

L 05.C   Projektmanagement-Software

L 05.D   Kalkulations- und Abrechnungssoftware

Unterrichtsstunden: 170

Seite 28

Modulhandbuch

L 05.A | Standard-Büro-Software

Kompetenzen:

Die Aus- und Weiterzubildenden sollen die Standardsoftware-Lösungen des beruflichen Alltags kennen und verwenden können.

Speziell die Nutzung des Internets als Informationsquelle, E-Mail-Software zur Kommunikation sowie Tabellen- und Textverarbeitungsprogramme zur Unterstützung bei der Korrespondenz, Kalkulation oder Erstellung von Berichten, Schriftverkehr und Protokollen.

Lernziele:

- Nutzung des Internets zur Recherche
- Kommunizieren per E-Mail
- Termine verwalten und Kalenderfunktionen nutzen (z. B. MS-Outlook)
- Baudokumentation und Korrespondenz mithilfe von Textverarbeitungsprogrammen (z. B. MS-Word)
- Anwendung von einem Tabellenkalkulationsprogramm (z. B. MS-Excel)

Unterrichtsstunden: 50

Modulhandbuch

L 05.B | Planungssoftware

Kompetenzen:

Die Aus- und Weiterzubildenden sollen unterschiedliche Planungs-Software kennen und ein typisches CAD-Programm anwenden können.

Insbesondere sollen sie mithilfe eines CAD-Programms einfache Aufgaben des Baustellenalltags bewältigen können.

Lernziele:

- Planungssoftware und ihre Funktionen
- Grundbegriffe des CAD-Programms
- Praxisübungen zur Bewältigung von unterschiedlichen Aufgaben mithilfe eines CAD-Programms

Unterrichtsstunden: 40

Seite 30

Modulhandbuch

**Assistenz
der Bauleitung**

L 05.C | Projektmanagement-Software

Kompetenzen:

Die Aus- und Weiterzubildenden sollen einen Überblick über die unterschiedlichen Software-Lösungen des Projektmanagements erhalten und MS-Project kennen und anwenden können.

Darüber hinaus sollen sie mithilfe von MS-Project Aufgaben der Bauleitung im Rahmen der Arbeitsvorbereitung und Bauausführung bewältigen können.

Lernziele:

- Projektmanagement-Software im Überblick und ihre Ziele
- Grundbegriffe zu MS-Project
- Praxisübungen zur Terminplanung, Ressourcenplanung, Projektüberwachung und zum Berichtswesen mithilfe von MS-Project

Unterrichtsstunden: 40

Seite 31

Modulhandbuch

Assistenz der Bauleitung

L 05.D | Kalkulations- und Abrechnungssoftware

Kompetenzen:

Die Aus- und Weiterzubildenden sollen verschiedene AVA-Programme kennen und anwenden können.

Insbesondere sollen sie mithilfe eines AVA-Programms typische Aufgaben der Bauleitung im Rahmen der Ausschreibung, Vergabe und Bauausführung vorbereiten können.

Lernziele:

- AVA-Programme und ihre Ziele
- Grundbegriffe und Funktionen von AVA-Programmen
- Praxisübungen zur Abwicklung der typischen Prozesse Ausschreibung, Vergabe und Abrechnung mithilfe einer AVA-Software

Unterrichtsstunden: 40

Seite 32

5.4   Fazit

Der Begriff „Assistenz der Bauleitung" beschreibt sehr eindeutig die Aufgaben, welche übernommen werden sollen und wurde daher in dieser Arbeit als Arbeitsbegriff benutzt. Eine Assistenz verfügt im Gegensatz zu einem Sekretariat auch über technische fachliche Kompetenz und kann damit nicht nur im administrativen, sondern auch im operativen Bereich unterstützen. Da es sich um eine duale Berufsausbildung handeln soll, darf diese nicht Assistenz heißen, da der Begriff „Assistent/in" in der Berufsbezeichnung nur landesrechtlich geregelten schulischen Ausbildungen an Berufsfachschulen vorbehalten ist. Denkbar wären hier vielfältige Varianten, wie der Name des neuen Ausbildungsberufs lauten könnte, der Vorschlag der Autorin wäre:

> Kauffrau/Kaufmann für Bautechnik.

Berücksichtigt werden sollte auch, dass andere Spezialisierungen möglich sein können, da in dieser Arbeit nur der Bereich Hochbau berücksichtigt wurde. Möglich wäre auch eine Spezialisierung in den Bereichen Straßenbau, Tiefbau oder Spezialbau, dazu wäre der zweite Block (Bauprozess) inhaltlich, insbesondere in den Lernfeldern zwei (Recht) und drei (Baubetrieb) entsprechend anzupassen.

Die Schaffung eines neuen Ausbildungsberufes ist sehr langwierig (Ablauf siehe Abbildung 40), zur schnellen und kurzfristigen Entlastung der Baustellen-Führungskräfte wäre denkbar, das modulare System als Weiterbildung anzubieten. Zielgruppen könnten hier sein:

- Studienabbrecher des Bauingenieurwesens sowie vergleichbare Bereiche oder

- Auszubildende aus dem Baugewerbe oder der Bauindustrie.

Kompetenzen, die bereits in der Ausbildung oder dem Studium ausgebildet wurden, sollten im Rahmen des DQR als Vorleistungen auf die Weiterbildung anerkannt werden, somit würde sich für jeden einzelnen ein individuelles modulares Weiterbildungssystem ergeben. Die Dauer der Weiterbildung würde infolge der drei Blöcke mit jeweils 320 Unterrichtsstunden maximal sechs Monate in Anspruch nehmen.

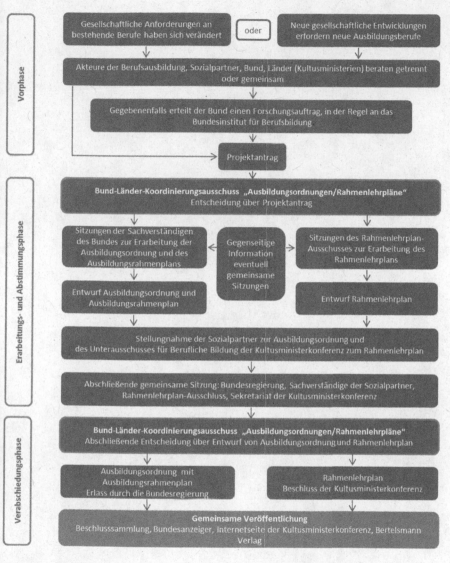

Abbildung 40: Verfahren Ausbildungsberuf[124]

---

124 SEKRETARIAT DER KULTUSMINISTERKONFERENZ (HRSG.): Handreichung für die Erarbeitung von Rahmenlehrplänen der Kultusministerkonferenz für den berufsbezogenen Unterricht in der Berufsschule und ihre Abstimmung mit Ausbildungsordnungen des Bundes für anerkannte Ausbildungsberufe. Berlin, 2011.

6 Modellbaustein: REG-IS Bauleitung

6.1 Die Idee

Hinter dem Pseudonym REG-IS Bauleitung steckt ein Informationssystem über deutsche Regelwerke mit Bedeutung für Baustellen-Führungskräfte.

In der sich ständig ändernden Regelwelt, in der eine Baustellen-Führungskraft immer auf dem aktuellen Stand sein muss, soll die Umsetzung dieses Bausteins ebenfalls entlastend wirken.

Die Rechtslage in Deutschland besteht aus einer fast unüberschaubaren Anzahl von Regelwerken, die von ganz unterschiedlichen Regelsetzern (EU, Bund, Länder, Städte und Gemeinden, Genehmigungsbehörden, DGNB, DGUV, BAuA, DIN, VDI etc.) in Form von Gesetzen, Verordnungen, Richtlinien, Satzungen, Normen, technischen Regeln etc. umgesetzt werden.

Es ergeben sich insgesamt 420.910[125] Treffer des Bundesrechts, davon sind

51.468[126] Gesetze und Verordnungen für den Baubereich (> 12 %)

zu identifizieren. Die Summe erhöht sich, da hier bisher nur Gesetze und Verordnungen des Bundes berücksichtigt wurden. Allein das Landesrecht NRW enthält derzeit mehr als 1.800[127] Gesetze und Verordnungen, unter der Voraussetzung einer ähnlichen Verteilung auf den Baubereich würden weitere

200 Gesetze und Verordnungen nur durch das Landesrecht NRW sowie

1.500 DIN[128] Baunormen

hinzukommen. Nicht alle dieser Regelwerke sind von ständiger Relevanz, wodurch ein weiteres Wagnis entsteht. Die Gefahr steckt jedoch nicht nur in der Masse der zu bewältigen Regelwerke, sondern auch in den Änderungen dieser. Die Veränderungsquote beträgt bei Bundes- und Landesrecht ca. 30-40 % p.a. und bei den Baunormen ca. 15-20 % pro

---

125 JURISTISCHES INFORMATIONSSYSTEM FÜR DIE BUNDESREPUBLIK DEUTSCHLAND – URL: www.gesetzesportal .de (23.05.2014)
126 JURISTISCHES INFORMATIONSSYSTEM FÜR DIE BUNDESREPUBLIK DEUTSCHLAND – URL: www.gesetzesportal.de Filter: „Bau" (23.05.2014)
127 JURIS GMBH – URL: https://www.juris.de/jportal/nav/produktdetails/landesrecht+nordrhein-restfalen?id=produktdetails_3607 .jsp (23.05.2014)
128 Vgl.: F:DATA GMBH – URL: http://www.baunormenlexikon.de/ (23.05.2014)

Jahr.[129] In Zahlen bedeutet dies mehr als 15.500 Änderungen im Bundes- oder Landesrecht und mindestens 225 Änderungen pro Jahr im Bereich der DIN-Normen. Diese Zahlen verdeutlichen den Aufwand, den eine Baustellen-Führungskraft betreiben muss, um rechtssichere Entscheidungen treffen zu können. Dabei wurden bei diesen Zahlen bisher nur Gesetze und Verordnungen sowie DIN-Normen berücksichtigt; Satzungen, Richtlinien etc. wurden in die Berechnung nicht einbezogen.

Und dies aus völlig unterschiedlichen Bereichen:

Arbeitsschutz	Bauverträge	Nachhaltigkeit
Außenkonstruktionen	Bauwesen allgemein	Naturschutz
Barrierefreiheit	Beleuchtung	Sanierung
Baubetrieb	Brandschutz	Schallschutz
Baukonstruktion	Denkmalschutz	Raumordnung
Baukosten	energetisches Bauen	Anerk. Regeln der Technik
Baumaschinen & Bau-	Feuchteschutz	TGA
geräte	Garagenordnung	Umweltschutz
Bauordnungsrecht	Gefahrenschutz und	Vergabewesen
Bauphysik allgemein	-abwehr	Versammlungsstätten
Baurecht	Gesundheitsschutz	Wärmeschutz
Baustoffe	Innenausbau	...
Bautechnologie	Konstruktiver Ingenieur	
	bau	

Abbildung 41: Auszug aus dem Bereich der anzuwendenden Regeln

Die Umsetzung des Bausteins „Informationssystem über deutsche Regelwerke mit Bedeutung für die Baustellen-Führungskräfte" soll den Führungskräften der Bauleitung eine bessere Rechtssicherheit bieten und ihnen ein praxisrelevantes Rechtswissen schnell, einfach und für Nichtjuristen geeignet zur Verfügung stellen. Hierdurch kann eine höhere Effektivität bei der Steuerung und Durchführung der Bauaufgabe erreicht werden.

Bei der Recherche ist die Autorin auf ein ähnliches System für den Bereich Betreiberverantwortung im Facility Management gestoßen, das unter dem Namen „Regelwerks-Informationssystem von Rödl & Partner" (www.reg-is.de) betrieben wird. Ein solches Sys-

---

129   Vgl.: GLAUCHE, ULRICH: Foliensatz REG-IS für Einsteiger , S. 11 – URL:
      http://www.reg-is.de/Downloads.aspx (23.05.2014)

tem für Baustellen-Führungskräfte mit all seinen Vorteilen existiert bisher nicht. Der Beuth Verlag bietet den „Normenticker"[130], hierbei werden jedoch zum einen nur nationale und internationale Regelwerke, die auch über den Beuth Verlag bezogen werden können, überwacht, und zum anderen werden die Dokumente nur bibliografisch aufbereitet, d. h. der Abonnent wird nur über Ersatz- oder Folgeausgabe bzw. eine Zurückziehung der Normung informiert.

6.2 Grundlagen zur Umsetzung

Damit praxisrelevantes Rechtswissen für die Baustellen-Führungskraft einfach und schnell zur Verfügung steht, müssen einige Kriterien erfüllt werden.

- Es muss eine effektive und zielgenaue Steuerung zu den notwendigen Informationen möglich sein, die Navigation sollte auf unterschiedlichen Wegen erfolgen können.

- Die Informationen bzw. Regelwerke müssen so aufbereitet sein, dass sie auch für Nichtjuristen einfach und verständlich sind.

- Dennoch sollten die Regelwerke auch als Text zur Verfügung stehen, damit diese ggf. zur Vorlage etc. genutzt werden können.

- Zusätzlich sollten weitere Informationen und Hilfestellungen angeboten werden, wie z. B. Checklisten zur Abnahme, Abrechnungsschemata bei Mengenänderungen etc.

- Es sollte eine Art Lexikon mit den üblichen Definitionen und Begriffen vorhalten, damit nur das eine Tool benötigt wird und damit das gesamte Wissen aktuell gehalten werden kann.

- Die Anwendung muss leicht und von überall abrufbar sein, ohne dass von Seiten des Anwenders Software- oder Update-Installationen notwendig sind oder ein Server vorgehalten werden muss.

- Die Einpflege von Änderungen oder Neuerungen von Regelwerken muss mit geringen Verlustzeiten erfolgen, und bis dahin muss sichergestellt werden, dass für den Benutzer erkennbar ist, dass Änderungen vorhanden sind, die sich in der Einarbeitung befinden.

---

130 Vgl.: BEUTH VERLAG – URL: www.normenticker.de (05.08.2014)

- Des Weiteren muss das Tool einfach in der Anwendung sein, so dass keine Einarbeitung notwendig wird, sondern eine intuitive Anwendung durch den Nutzer erfolgt.

6.3   Konzept zum REG-IS Bauleitung

Abbildung 42: Bildschirmfoto der Benutzeranmeldung[131]

Das Konzept wird im Folgenden zur besseren Veranschaulichung über mögliche Bildschirmfotos der Plattform dargestellt.

---

131   Layout Foto URL: http://www.vierbag.de

Aufgebaut werden soll das Informationssystem für die Bauleitung auf sieben Säulen, die im oberen Menübereich sichtbar sein werden. Davon dienen die ersten vier der Navigation im Regel-Informationssystem, sie sollen der Baustellen-Führungskraft verschiedene Einstiegsmöglichkeiten bieten. Wenn das REGELWERK bekannt ist, kann darüber eine Auswahl erfolgen, eine Selektierung ist aber auch über die (Arbeits-)AUFGABE oder die Tätigkeit in einem bestimmten GEWERK möglich. Oder aber ohne große Kenntnisse bzw. zur ganz einfachen Nutzung über die SUCHE. Des Weiteren sollen der Bauleitung bestimmte Werkzeuge oder Hilfsmittel zur Verfügung gestellt werden, diese können über den Menüpunkt WERKZEUGE alphabetisch sortiert aufgerufen werden. Hinter dem Menüpunkt BEGRIFFE versteckt sich ein Lexikon, Bauleitung von A bis Z. Und unter AKTUELLES werden alle rechtlichen Änderungen, die die Bauleitung betreffen, entsprechend der Änderungsfolge aufgelistet.

Betrachtet werden nun die Möglichkeiten, die ein Regel-Informationssystem für die Bauleitung bieten könnte. Dabei wird das Konzept entlang der vorgegebenen Menüpunkte beschrieben, beginnend bei der Navigation über die Auswahl eines Regelwerkes. Hier stehen wie in Abbildung 43 vorgestellt zwei Varianten zur Auswahl des Regelwerkes zur Verfügung. Zum einen besteht die Möglichkeit, über die Abkürzung des Titels des Regelwerks zu suchen, z. B. HOAI, oder aber über die Volltextsuche z. B. Verordnung über die Honorare für Architekten- und Ingenieurleistungen (HOAI).

Dem jeweiligen Regelwerk werden folgende Untergliederungen zugeordnet:

- Inhaltliche Darstellung
  Die inhaltliche Darstellung der rechtlichen Regelwerke soll einem Nichtjuristen einen einfachen und schnellen Überblick über die Inhalte des Regelwerkes bzw. die einzelnen Vorschriften geben. Dies könnte, wie in Abbildung 44 beispielsweise der § 12 der VOB/B mit den Regelungen zur Abnahme sein. Ziel und Zweck der inhaltlichen Darstellung soll sein, das Juristendeutsch für Nichtjuristen so aufzuarbeiten, dass es verständlich und einfach umzusetzen ist.

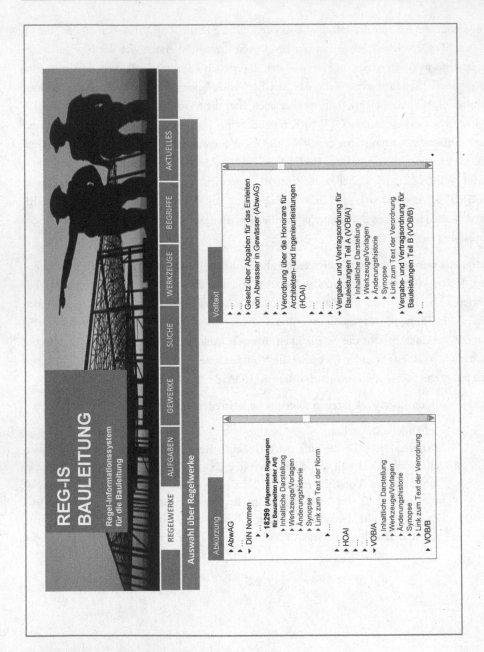

Abbildung 43: Bildschirmfoto Menü REGELWERKE

- Werkzeuge/Vorlagen
  Im Bereich Werkzeuge/Vorlagen sollen Unterlagen wie z. B. Musteranschreiben, Berechnungsschemata, Checklisten, Hilfestellungen etc. zur Verfügung gestellt werden. Dies könnte wie in Abbildung 45 und Abbildung 46 beispielsweise ein HOAI-Rechner sein. Dabei werden im ersten Schritt die Angaben zur Berechnung der anrechenbaren Kosten eingegeben, diese können der Kostenaufstellung nach DIN 276 entnommen werden, die Hilfestellung, welche Kostengruppe in die Berechnung mit eingezogen werden soll, ist abrufbar. Im zweiten Schritt, wie in Abbildung 46 gezeigt, erfolgt die Berechnung. Ein Ausdruck sollte immer auf allen Seiten möglich sein. Ziel dieser Rubrik soll sein, der Bauleitung Vorlagen und Werkzeuge zur Verfügung zu stellen, die immer aktuell sind und damit eine Rechtssicherheit bieten.

- Änderungshistorie
  Aus der Änderungshistorie sollen ein Überblick über die Änderungen der rechtlichen Grundlage ermöglicht werden. Hier soll jedoch nicht nur das Datum der Änderung festgehalten werden, sondern auch, welche Änderungen durch diese neue Rechtsprechung eingetreten sind. Die Änderungshistorie ist damit ein Archiv aller Änderungen bzw. Synopsen.

- Synopse
  Bei der Synopse handelt es sich um eine vergleichende Gegenüberstellung des aktuellen Textes der rechtlichen Grundlage und des vorherigen Gesetzestextes der gleichen rechtlichen Grundlage.

- Link zum Text
  Es sollte die Möglichkeit bestehen, alle rechtlichen Grundlagen (Abbildung 47) über einen Link aufzurufen, wenn die entsprechenden Befugnisse hierzu vorliegen. Dabei können alle öffentlich zugänglichen Gesetze, Rechte, Verordnungen etc. über Internetplattformen wie zum Beispiel www.gesetze-im-internet.de zur Verfügung gestellt werden. Für alle anderen, wie z. B. DIN-Normen, müssten Lizenzen erworben werden.

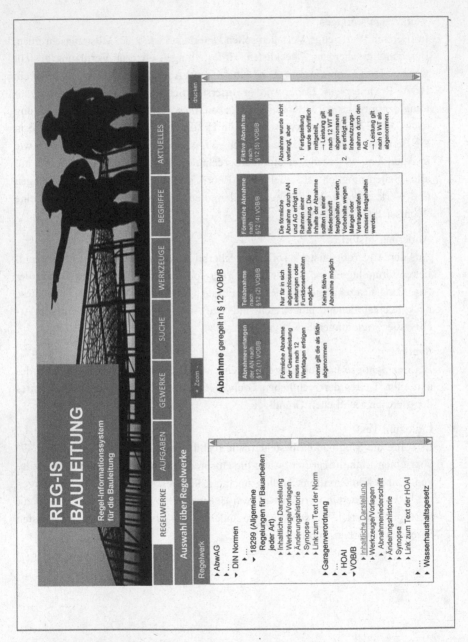

Abbildung 44: Bildschirmfoto Menü REGELWERKE – Beispiel einer inhaltlichen Darstellung

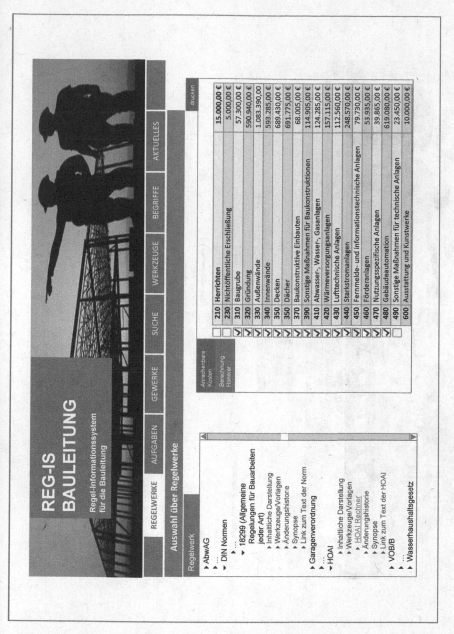

Abbildung 45: Bildschirmfoto Menü REGELWERKE – Beispiel Werkzeug; hier: Anrechenbare Kosten zum Grundhonorar

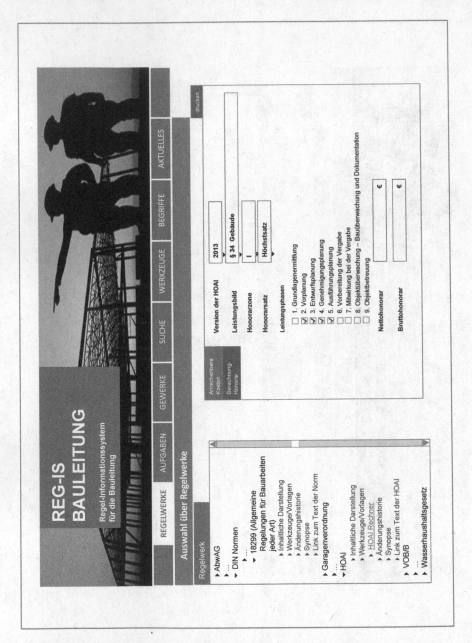

Abbildung 46: Bildschirmfoto Menü REGELWERKE – Beispiel Werkzeug; hier: HOAI-Berechnung des HOAI Rechners

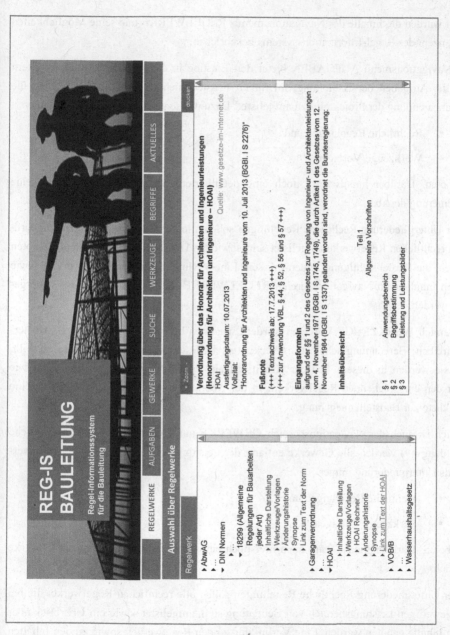

Abbildung 47: Bildschirmfoto Menü REGELWERKE – Beispiel Link zum Text der rechtlichen Grundlage

Damit wurden die Inhalte des Navigationsmenüs REGELWERKE und seine Möglichkeiten im Konzept des Regel-Informationssystems beschrieben.

Das Navigationsmenü AUFGABEN bietet den Einstieg in das Regel-Informationssystem über die Aufgaben der Bauleitung. Im linken Fenster (siehe Abbildung 48) werden die Aufgaben entlang der Projektphasen aufgelistet. Dazu werden als Untergliederung immer

- Rechtliche Regelungen und
- Werkzeuge/Vorlagen

angeboten. Darüber hinaus wäre noch eine detailliertere Aufgabenauflistung bzw. eine Verfeinerung denkbar.

In der Untergliederung Rechtliche Regelungen sollen alle den Tätigkeitsaufgaben zugeordneten rechtlichen Regelwerke aufgelistet sein sowie ein Überblick über die Inhalte geboten werden, die Berücksichtigung finden müssen. Eine Verlinkung zu den Regelwerken sowie zu den Inhalten im Navigationsbereich REGELWERKE und GEWERKE muss sichergestellt werden.

Im Bereich WERKZEUGE/Vorlagen werden, wie oben bereits beschrieben, z. B. Musteranschreiben, Berechnungsschemata, Checklisten, Hilfestellungen zur Verfügung gestellt, aber sie werden in diesem Teil der Arbeitsaufgabe zugehörig zugeordnet und nicht wie zuvor den entsprechenden Regelwerken. In der Abbildung 48 ist dies beispielsweise eine Checkliste zur Baustellenbegehung.

Ähnlich ist auch der Navigationsbereich GEWERKE aufgebaut. Im linken Fenster (siehe Abbildung 49) werden alle Gewerke entlang der Leistungsbereiche aufgelistet. Dazu werden als Untergliederung immer

- Rechtliche Regelungen und
- Werkzeuge/Vorlagen

angeboten. Darüber hinaus wäre auch hier noch eine detailliertere Splittung der Gewerke möglich.

In der Untergliederung Rechtliche Regelungen sollen alle rechtlichen Regelwerke, die bei dem jeweiligen Leistungsbereich von Bedeutung sind, aufgelistet sowie ein Überblick über deren Inhalte geboten werden. Eine Verlinkung zu den Regelwerken sowie zu den Inhalten im Navigationsbereich REGELWERKE und AUFGABEN muss sichergestellt werden.

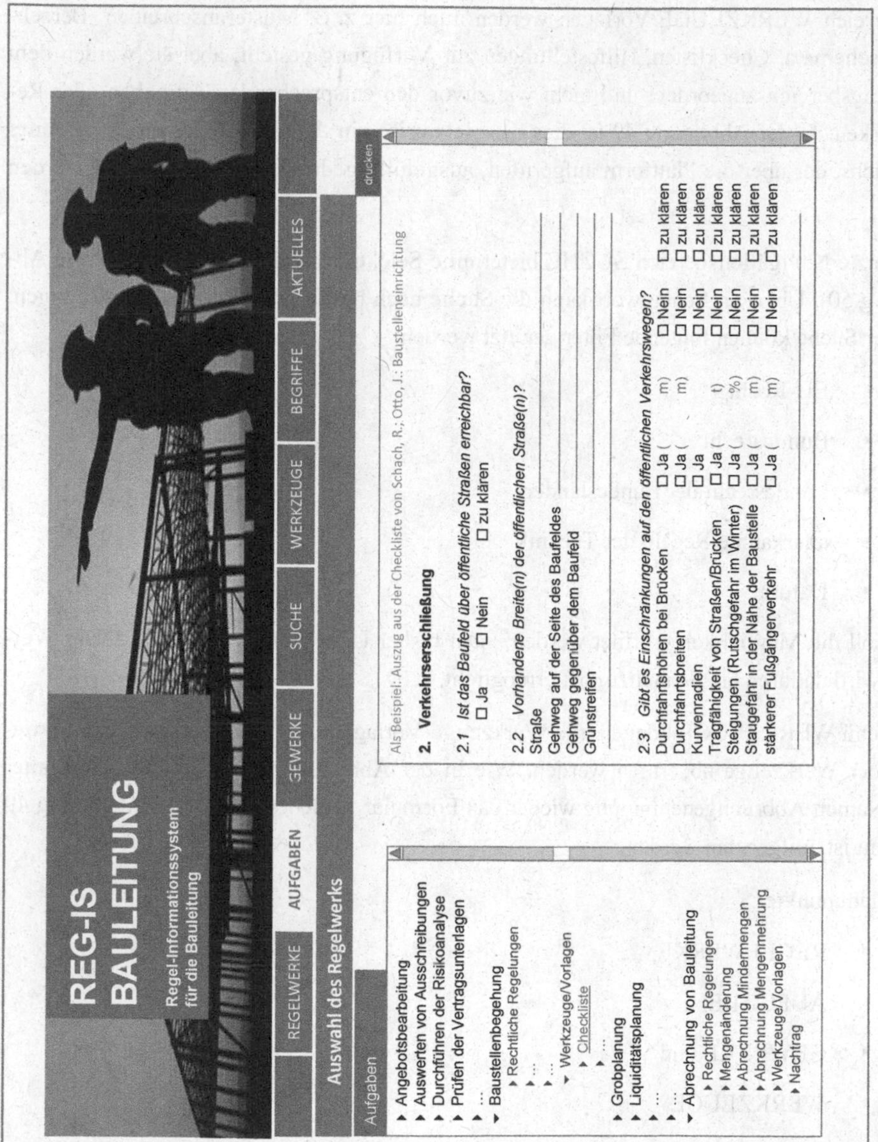

Abbildung 48: Bildschirmfoto Menü AUFGABEN – Beispiel eines Werkzeuges

Im Bereich WERKZEUGE/Vorlagen werden auch hier z. B. Musteranschreiben, Berechnungsschemata, Checklisten, Hilfestellungen zur Verfügung gestellt, aber sie werden dem Leistungsbereich zugeordnet und nicht wie zuvor den entsprechenden Aufgaben oder Regelwerken. In der Abbildung 49 ist dies beispielsweise ein Antrag auf Genehmigung eines Abbruchs, der über die Plattform aufgerufen, ausgefüllt, gedruckt bzw. gespeichert werden kann.

Der letzte Navigationsbereich SUCHE bietet eine Selektierung der Regelwerke (siehe Abbildung 50). Über ein Schlagwort kann die Suche nach bestimmten Regelwerken erfolgen. Bei der Suche können folgende Filter genutzt werden:

- EU-Recht

- Bundesrecht

- Landesrecht der Bundesländer

- anerkannte Regeln der Technik

- Datum

Hier soll die Möglichkeit eröffnet werden, nach bisher Unbekanntem zu suchen. Des Weiteren wird dadurch ein Schnellzugriff ermöglicht.

Im Menü WERKZEUGE können alle Werkzeuge/Vorlagen über eine alphabetische Sortierung der Werkzeuge abgerufen werden. Wie in der Abbildung 51 dargestellt, kann unter dem Namen Abbruchgenehmigung wieder das Formular, welches bereits aus Abbildung 49 bekannt ist, aufgerufen werden.

Die Menüpunkte

- REGELWERKE,

- AUFGABEN,

- GEWERKE und

- WERKZEUGE

sind vollständig miteinander verknüpft. Die ersten drei bieten nur unterschiedliche Wege der Navigation zu den Informationen an. Im Menü WERKZEUGE sind alle Inhalte der Rubriken Werkzeuge/Vorlagen alphabetisch sortiert wiederzufinden.

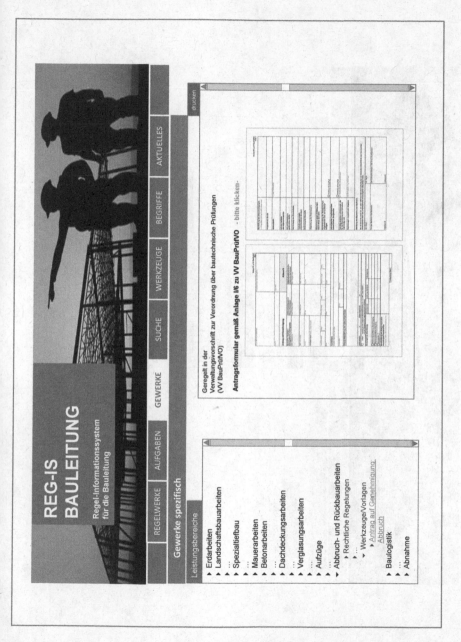

Abbildung 49: Bildschirmfoto Menü GEWERKE – Beispiel eines Werkzeuges

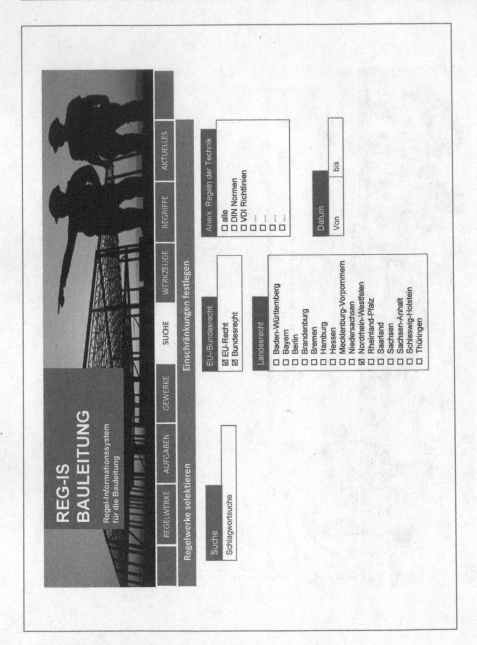

Abbildung 50: Bildschirmfoto Menü SUCHE

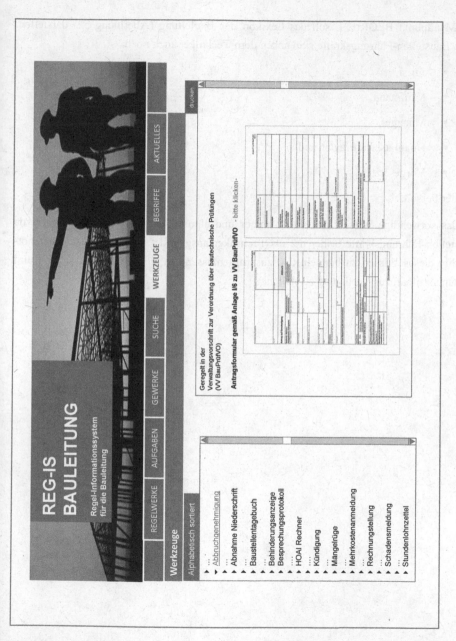

Abbildung 51: Bildschirmfoto WERKZEUGE – Beispiel eines Werkzeuges

Der Menüpunkt BEGRIFFE soll das Lexikon der Bauleitung (Abbildung 52) darstellen. Denn Baustellen-Führungskräfte sind neben dem Techniker auch noch

- Jurist,

- Kaufmann,

- Manager,

- Qualitätsbeauftragter und

- Vorgesetzter

in einer Person.[132]

All das notwendige Wissen kann nicht immer und unmittelbar zur Verfügung stehen, da Baustellen-Führungskräfte bisher nur als Techniker ausgebildet werden. Es ist daher notwendig, dieses Wissen zu bündeln und zusammenfassend in einem Lexikon, schnell und einfach abrufbar, zur Verfügung zu stellen.

---

132   Vgl.: MIETH, PETRA: Weiterbildung des Personals als Erfolgsfaktor der strategischen Unternehmensplanung in Bauunternehmen. Kassel: Kassel Univ. Press, 2007, S. 16 f.

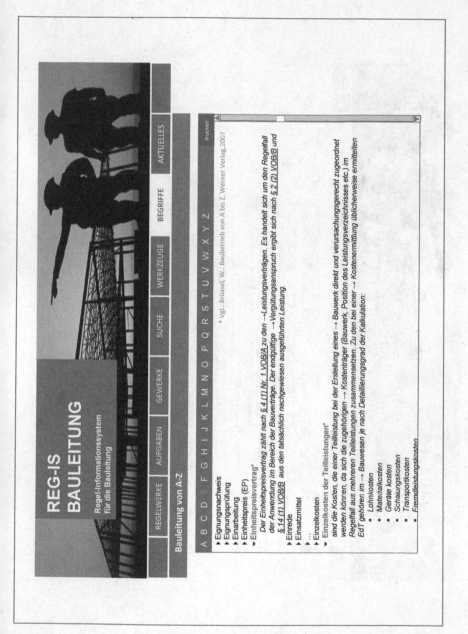

Abbildung 52: Bildschirmfoto BEGRIFFE – beispielhafter Auszug

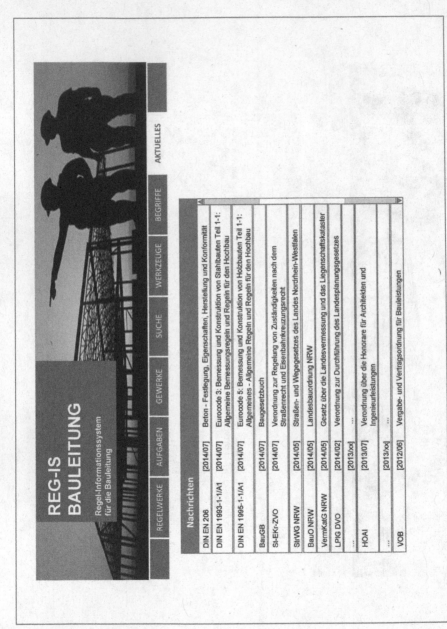

Abbildung 53: Bildschirmfoto AKTUELLES – beispielhafte Darstellung des Inhalts

6.4 Fazit

Bisher ist dies nur ein Konzept zur Umsetzung eines Regel-Informationssystems für die Bauleitung, aber es würde sowohl für die Unternehmer wie auch für die Baustellen-Führungskräfte viele Vorteile bringen:

- Bereitstellung eines Rechtswissens für Baustellen-Führungskräfte aktuell und für Nichtjuristen aufbereitet

- Minimierung des Haftungsrisikos für die Unternehmer

- Effektivere Prozesse

- Fokus der Bauleitung liegt wieder auf dem Kerngeschäft

- Steigerung der Effizienz

- Anhaltspunkte für Leitlinien zur eigenen Firmenphilosophie

- positives Image für das Unternehmen durch gute Qualität

- Möglichkeit der Zertifizierung durch eine systematische Regelwerksverfolgung

Nachteile können bisher nicht festgestellt werden, außer dem, dass es das Regel-Informationssystem für die Bauleitung noch nicht gibt.

7 Fazit und Ausblick

Die Arbeitswelt der Baustellen-Führungskräfte ist geprägt durch eine Vielfalt von unterschiedlichen Anforderungen, den raschen Wechsel der Tätigkeiten bei häufiger Erfordernis situativen Reagierens, die hohe Verantwortung für Menschen wie auch für Sachwerte, starken Termindruck, teilweise unerwartete Entscheidungserfordernisse und die „Sandwichposition", d. h. den Ausgleich von unterschiedlichen Interessen, wie zum Beispiel von Bauherr und Firmenleitung. Darüber hinaus ist die Bauleitung verantwortlich für die Einhaltung der zahlreichen Verordnungen und Vorschriften, für die Qualität der Arbeitsprozesse und -ergebnisse auf der Baustelle und auch für die Sicherheit und Gesundheit ihrer Mitarbeiter. Anforderungen, denen sich manche Baustellen-Führungskraft dennoch gern stellt, und dies eher als eine Herausforderung sieht, anstatt es als Stressor zu betrachten.

Stressoren in der Arbeitswelt der Baustellen-Führungskräfte ergeben sich jedoch durch die

- Informatisierung,
- zu schnelle Technologisierung,
- Akzeleration,
- Verrechtlichung sowie
- Ökonomisierung.

Der größte Wunsch einer Baustellen-Führungskraft ist es, endlich wieder Zeit zu haben, und zwar für das Kerngeschäft sowie für Familie, Freunde, Freizeitaktivitäten oder einen Ausgleichssport. Dieser Wunsch kann insbesondere durch eine ausgebildete Assistenz, zum Beispiel als Kauffrau/Kaufmann für Bautechnik, in Erfüllung gehen. Die Assistenz könnte die Baustellen-Führungskräfte von Aufgaben entlasten, für die diese überqualifiziert sind und ihnen die Zeit einräumen, sich um häufig vernachlässigte Tätigkeitsfelder ihres Aufgabengebietes zu kümmern sowie die wöchentliche Überstundenzahl von durchschnittlich 14,5 deutlich zu verringern. Auch könnten Stressoren infolge der Informatisierung, Verrechtlichung und der Ökonomisierung weitgehend minimiert werden.

Die Reflexionen der Bauwirtschaft auf bisher veröffentlichte Ansätze zur Assistenz der Bauleitung waren mehr als positiv, und dies nicht nur in ihren Äußerungen. Zwei Praxispartner aus dem Projekt Erhalt der Beschäftigungsfähigkeit von Baustellen-Führungskräften haben diesen Ansatz aufgegriffen und im Rahmen der bisherigen Möglichkeiten versucht umzusetzen. In einem Unternehmen wurde ein Bachelorabsolvent eingestellt, der berufsbegleitend einen Masterstudiengang im Bereich Bauwesen absolviert. Im zweiten Unternehmen wurde aktuell eine neue Stellenbeschreibung, bezogen auf das Unternehmen für eine Assistenz der Bauleitung mit Unterstützung der Autorin erstellt. Darüber hinaus wurde diese Idee nach ihrer Veröffentlichung im Januar 2014 von einem Unternehmensberater aufgegriffen, der dazu im Baublatt 07/2014 einen Artikel133 veröffentlicht hat und dieses Assistenzmodell als „technisches Sekretariat [...] sowie rechte Hand des Bauleiters" beschreibt. Er geht dabei in seinem Artikel jedoch nur davon aus, dass es sich um ein Sekretariat handelt, aber nicht um eine sowohl technische wie auch betriebswirtschaftlich ausgebildete Assistenz. Das oben vorgestellte Konzept geht weit über diesen Ansatz hinaus, der Beitrag zeigt aber die Relevanz des Themas und das Interesse der Wirtschaft.

Stressoren infolge der Verrechtlichung können minimiert werden durch das Informationssystem über deutsche Regelwerke mit Bedeutung für Baustellen-Führungskräfte. Und dies gleich in doppelter Weise: Zum einen bleiben Baustellen-Führungskräfte immer auf dem aktuellsten Stand der gültigen Rechtslage, darüber hinaus müssen sie Änderungen nicht selbst überwachen oder herausarbeiten, sondern bekommen die Neuerungen für Nichtjuristen aufbereitet regelmäßig zur Verfügung gestellt. Zum anderen verringert sich damit das Haftungsrisiko, welches eine hohe psychische Belastung für die Baustellen-Führungskräfte darstellt.

Einige Handlungshilfen, Werkzeuge und neue Konzepte stehen zur Verbesserung der Lebensarbeitsgestaltung von Baustellen-Führungskräften nun zur Verfügung[134], sie müssen nur noch angewendet oder umgesetzt werden. Über die Möglichkeiten der Umsetzung der Assistenz der Bauleitung wird am Lehr- und Forschungsgebiet Baubetrieb und Bauwirtschaft bereits nachgedacht.

Weitere Bausteine zur Verbesserung der Lebensarbeitsgestaltung von Baustellen-Führungskräften könnten sein:

- *Knigge der Kommunikation*
  In diesem Knigge sollten Regelungen getroffen werden, wie im Rahmen der Informatisierung der Arbeits- und Freizeitwelt der Umgang mit modernen Kommunikations- und Informationstechniken für den Bereich der Arbeitswelt gestaltet werden sollte. Insbesondere sollten sinnvolle Regelungen zur Erreichbarkeit

---

133 RÖSCH, PETER: Bauleiter entlasten. In: Deutsches Baublatt. 2014, 375, S. 25
134 Abzurufen unter: http://www.baubetrieb.uni-wuppertal.de/ forschung/projekte/ebbfue.html

der Beschäftigten außerhalb der Arbeitszeit (wann, warum und wie sollte ein Beschäftigter erreichbar sein) definiert werden. Darüber hinaus muss eine Sensibilisierung zur Nutzung der Kommunikations- und Informationstechniken erfolgen.

- *Netzwerk Bauleitung*
  Bei dem Netzwerk soll der Austausch unter den Baustellen-Führungskräften, auch externer Unternehmen ermöglicht werden. Mit dem Ziel, unter Gleichgesinnten Probleme offen und ehrlich zu diskutieren. Die Veranstaltung sollte von einem unabhängigen Moderator geleitet werden.

- *Verbesserung des Images der Bauwirtschaft*
  Dies kann auf unterschiedliche Art und Weise geschehen, hierbei sollte der Fokus jedoch besonders darauf gerichtet werden, der Bevölkerung die Komplexität des Bauens zu veranschaulichen. Mit dem Ziel, bei jetzigen und zukünftigen Auftraggebern eine Sensibilisierung hinsichtlich der Folgen ihrer spontanen Entscheidungsfreudigkeit zu erreichen. Aber auch, um mehr Verständnis für die Bauabläufe und die daraus resultierenden Behinderungen im Alltag beim Zusammentreffen von Mensch und Baustelle zu erzielen. Denn nur, wenn jemand umfassend über etwas informiert ist, kann er sich eine Meinung bilden und ist weniger beeinflussbar z. B. durch negative Pressemeldungen.

Das Image der Bauwirtschaft kann also nur verbessert werden, wenn die Herausforderungen durch

- die Aufgabenvielfalt,

- die Unikatherstellung,

- das Fertigen an einer immer neu zu errichtenden Produktionsstätte sowie

- die Vielzahl der Regelungen und deren Komplexität auch für die Nichtsachkundigen transparent werden.

8 Quellenverzeichnis

A

AKADEMIE FÜR FÜHRUNGSKRÄFTE DER WIRTSCHAFT GMBH:
Akademie - Studie 2013 - Auf dem Prüfstand: Deutsche Fach- und Führungskräfte über Karriere, Zufriedenheit und Wünsche an den Arbeitsplatz. Überlingen am Bodensee, 2013

APPLE INC.
– URL: https://itunes.apple.com/de/app/bauleiter-monitoring/id797547739?mt=8 (05.08.2014)

B

BAMBERGER, DOMINIK:
Analyse der Aufgabenfelder und Belastungssituationen in der Firmenbauleitung. Wuppertal, Bergische Universität Wuppertal, Fachbereich D, Diplomarbeit, 2013

BAUER, HERMANN:
Baubetrieb. Berlin Heidelberg New York: Springer Verlag, 2007

BAUORDNUNG FÜR DAS LAND NORDRHEIN-WESTFALEN (BauO NRW)
Zuletzt geändert durch Artikel 1 des Gesetzes zur Änderung der Landesbauordnung vom 21. März 2013

BERLEB MEDIA GMBH
– URL: https://www.projektmagazin.de/glossarterm/projektassistenz (16.05.2014)

BERNER, FRITZ; KOCHENDÖRFER, BERND; SCHACH, RAINER:
Grundlagen der Baubetriebslehre 3. Wiesbaden: Vieweg + Teubner, 2009

BEUTH VERLAG
– URL: www.normenticker.de (05.08.2014)

BIERMANN, MANUEL:

Der Bauleiter im Bauunternehmen: baubetriebliche Grundlagen und Bauabwicklung. Köln: Verlagsgesellschaft Rudolf Müller, 2001

BKK DACHVERBAND E. V. (HRSG.):

BKK Gesundheitsreport 2013. Berlin: 2013

BUNDESAGENTUR FÜR ARBEIT

– URL: http://berufenet.arbeitsagentur.de/berufe/start?dest=profession&prof-id=27726 (06.05.2014)

BUNDESAGENTUR FÜR ARBEIT

– URL: http://berufenet.arbeitsagentur.de/berufe/start?dest=profession&prof-id=5620 (06.05.2014)

BUNDESAGENTUR FÜR ARBEIT

– URL: http://berufenet.arbeitsagentur.de/berufe/start?dest=profession&prof-id=5969 (06.05.2014)

BUNDESAGENTUR FÜR ARBEIT

– URL: http://berufenet.arbeitsagentur.de/berufe/start?dest=profession&prof-id=7673 (06.05.2014)

BUNDESAGENTUR FÜR ARBEIT

– URL: http://berufenet.arbeitsagentur.de/berufe/start?dest=profession&prof-id=7675 (06.05.2014)

BUNDESAGENTUR FÜR ARBEIT

– URL: http://berufenet.arbeitsagentur.de/berufe/start?dest=profession&prof-id=7967 (06.05.2014)

BUNDESANSTALT FÜR ARBEITSSCHUTZ UND ARBEITSMEDIZIN (HRSG.):

Psychische Belastung von Bauleitern. Dortmund/Berlin: 1997 (Fb 778)

BUNDESANSTALT FÜR ARBEITSSCHUTZ UND ARBEITSMEDIZIN (HRSG.):

Stressreport Deutschland 2012 - Die wichtigsten Ergebnisse. Dortmund: 2012

BUNDESANSTALT FÜR ARBEITSSCHUTZ UND ARBEITSMEDIZIN (HRSG.):

Stressreport Deutschland 2012 – Psychische Anforderungen, Ressourcen und Befinden. Dortmund/Berlin/Dresden: 2012

BUNDESMINISTERIUM FÜR BILDUNG UND FORSCHUNG

– URL: http://www.bmbf.de/de/berufsbildungsbericht.php (08.05.2014)

BURNOUT-KOMPAKT

– URL: http://burnout-kompakt.blogspot.de/p/erfahrungsbericht.html (02.05.2012)

C

CICHOS, CHRISTOPHER:

Untersuchung zum zeitlichen Aufwand der Baustellenleitung. Darmstadt, Technische Universität Darmstadt, Bauingenieurwesen und Geodäsie, Dissertation, 2007

D

DAMMER, INGO:

Vortrag im Rahmen der 2. Beiratssitzung zum Projekt EBBFü, Düsseldorf, 22.10.2012

DEUTSCHE INDUSTRIE- UND HANDELSKAMMERTAGE E.V. (HRSG.):

Fachkräfte – auch bei schwächerer Wirtschaftslage gesucht. DIHK-Arbeitsmarktreport. Berlin: DIHK, 2013

DEUTSCHER QUALIFIKATIONSRAHMEN FÜR LEBENSLANGES LERNEN

verabschiedet vom Arbeitskreis Deutscher Qualifikationsrahmen am 22. März 2011

DIN EN ISO 10075-1: 2000:

Ergonomische Grundlagen bezüglich psychischer Arbeitsbelastungen. Teil 1: Allgemeines und Begriffe

E

EKARDT, HANNS-PETER; LÖFFLER, REINER; HENGSTENBERG HEIKE:

Arbeitssituation von Firmenbauleitern. Frankfurt am Main: Campus Verlag, 1992

F

F:DATA GMBH

    – URL: http://www.baunormenlexikon.de/

FORSCHUNGSINSTITUT FÜR BESCHÄFTIGUNG ARBEIT QUALIFIKATION:

Arbeits- und Beschäftigungsfähigkeit in der Bauwirtschaft im demographischen Wandel. Bremen: 2009

FRANKFURTER ALLGEMEINE ZEITUNG (HRSG.):

Hochschulanzeiger Nr. 94, 2008. - URL: http://www.faz.net/s/RubB1763F30EEC 64854802A79B116C9E00A/Doc~EB48BD308E8CA4B4B85098EEAA52CB772~ ATpl~Ec ommon~Scontent.html (07.04.2009)

FRANKFURTER ALLGEMEINE ZEITUNG (HRSG.):

FAZ vom 02. Februar 2012; Abruf unter URL: http://www.faz.net/aktuell/wirtschaft /wirtschaftspolitik/arbeitsmarkt-warum-soll-ich-bei-ihnen-anfangen-1585784.html (17.08.2012)

FRANKFURTER ALLGEMEINE ZEITUNG (HRSG.):

FAZ vom 05. Mai 2012; Abruf unter URL: http://www.faz.net/aktuell/beruf-chance /arbeitswelt/bauingenieurin-aus-leidenschaft-die-chefin-der-liebestuerme-117238 62.html (17.08.2012)

G

GIRMSCHEID, GERHARD:

Angebots- und Ausführungsmanagement – Leitfaden für Bauunternehmen. Berlin Heidelberg: Springer Verlag, 2010

GIRMSCHEID, GERHARD:

Strategisches Bauunternehmensmanagement. Berlin Heidelberg: Springer Verlag, 2010

GLAUCHE, ULRICH:

Foliensatz REG-IS für Einsteiger , S. 11 – URL: http://www.reg-is.de/Downloads .aspx (23.05.2014)

H

HANS-BÖCKLER-STIFTUNG

– URL: http://www.boeckler.de/11145.htm?projekt=S-2011-508-1 B (04.07.2014)

HAUPTVERBAND DER DEUTSCHEN BAUINDUSTRIE E.V.:

Bauwirtschaft im Zahlenbild. Berlin: 2013

J

JURISTISCHES INFORMATIONSSYSTEM FÜR DIE BUNDESREPUBLIK DEUTSCHLAND

– URL: www.gesetzesportal.de (23.05.2014)

JURIS GMBH

– URL: https://www.juris.de/jportal/nav/produktdetails/landesrecht+nordrhein-restfalen?id=produktdetails_3607 .jsp (23.05.2014)

M

MIETH, PETRA:

Weiterbildung des Personals als Erfolgsfaktor der strategischen Unternehmenspla- nung in Bauunternehmen. Kassel: Kassel Univ. Press, 2007

MINISTERIUM FÜR SCHULE UND WEITERBILDUNG DES LANDES NORD- RHEIN-WESTFALEN

– URL: http://www.berufsbildung.nrw.de/cms/lehrplaene-und-richtlinien/berufs
fachschule/ (08.05.2014)

MINISTERIUM FÜR SCHULE UND WEITERBILDUNG DES LANDES NORD-RHEIN-WESTFALEN

– URL: http://www.berufsbildung.nrw.de/ cms/lehrplaene-und-richtlinien/hoehere-berufsfachschule/mit-berufsabschluss/richtlinien-und-lehrplaene.html (08.05.2014)

N

NAGEL, ULRICH:

Baustellenmanagement. Berlin: Verlag für Bauwesen, 1998

P

PAUSE, HANS:

der Bauleiter – der Frontoffizier des Bauunternehmens. In: Berliner Bauwirtschaft. 1992, Jahrgang 93

R

REFA - VERBAND FÜR ARBEITSSTUDIEN UND BETRIEBSORGANISATION E.V.:

Methodenlehre der Betriebsorganisation, Teil Anforderungsermittlung (Arbeitsbewertung) München: Carl Hanser Verlag, 1991

REFA - VERBAND FÜR ARBEITSSTUDIEN UND BETRIEBSORGANISATION E.V.:

Ausgewählte Methoden zur Prozessorganisation. München: Carl Hanser Verlag, 1998

RÖSCH, PETER:

Bauleiter entlasten. In: Deutsches Baublatt. 2014, 375

S

SCHNELLER, MARTINA:

Ebbe bei den Baustellen-Führungskräften?. In: Brunk, Marten F.; Osebold, Rainard (Hrsg.): 23. Assistententreffen der Bereiche Bauwirtschaft, Baubetrieb und Bauverfahrenstechnik. Düsseldorf: VDI Verlag GmbH, 2012

SEKRETARIAT DER KULTUSMINISTERKONFERENZ (HRSG.):

Handreichung für die Erarbeitung von Rahmenlehrplänen der Kultusministerkonferenz für den berufsbezogenen Unterricht in der Berufsschule und ihre Abstimmung mit Ausbildungsordnungen des Bundes für anerkannte Ausbildungsberufe. Berlin, 2011

SOMMER, HANS:

Projektmanagement Im Hochbau. Heidelberg Dordrecht London New York: Springer Verlag, 2009

SPRINGER GABLER VERLAG (HRSG.):

– URL: http://wirtschaftslexikon.gabler.de/Archiv/54410/arbeitsgestaltung-v10.html (21.07.2014)

STÄNDIGE KONFERENZ DER KULTUSMINISTER DER LÄNDER IN DER BUNDESREPUBLIK DEUTSCHLAND (KMK)

– URL: http://www.kmk.org/bildung-schule/berufliche-bildung/berufsschule-berufsgrundbildungsjahr.html (08.05.2014)

STATISTISCHES BUNDESAMT:

Zusammengefasste Geburtenziffer nach Kalenderjahren – URL: https://www.destatis.de/DE/ZahlenFakten/GesellschaftStaat/Bevoelkerung/Geburten/Tabellen/GeburtenZiffer.html (04.08.2014)

STATISTISCHES BUNDESAMT:

Volkswirtschaftliche Gesamtrechnung. Beiheft Investitionen. Wiesbaden: 2014

SYBEN, GERHARD:

Bauleitung im Wandel. Arbeit als Bewältigung von Kontingenz. Berlin: Edition Sigma, 2014

V

VERORDNUNG ÜBER DIE AUSBILDUNG UND PRÜFUNG IN DEN BILDUNGS-GÄNGEN DES BERUFSKOLLEGS

(Ausbildungs- und Prüfungsordnung Berufskolleg - APO-BK) vom 26. Mai 1999, zuletzt geändert durch Verordnung vom 21. September 2012

Printed in the United States
By Bookmasters